河南省科技攻关项目（182102210253）
河南省高等学校重点科研项目（19A510008）

人脸图像处理与识别技术

栗科峰 著

U0265928

黄河水利出版社

·郑州·

图书在版编目(CIP)数据

人脸图像处理与识别技术/栗科峰著. —郑州:黄河水
利出版社,2018.8　(2020.5 重印)

ISBN 978 - 7 - 5509 - 2110 - 8

Ⅰ.①人…　Ⅱ.①栗…　Ⅲ.①面 - 图象处理②面 -
图象识别　Ⅳ.①TP391.41

中国版本图书馆 CIP 数据核字(2018)第 196949 号

出　版　社:黄河水利出版社

地址:河南省郑州市顺河路黄委会综合楼 14 层　邮政编码:450003

发行单位:黄河水利出版社

发行部电话:0371 - 66026940、66020550、66028024、66022620(传真)

E-mail:hhslcbs@126.com

承印单位:河南新华印刷集团有限公司

开本:890 mm×1 240 mm　1/32

印张:3.875

字数:112 千字

版次:2018 年 8 月第 1 版　　　印次:2020 年 5 月第 2 次印刷

定价:20.00 元

前　言

近年来,基于人体生物特征的身份认证技术备受研究者的青睐。生物特征识别技术是指利用人体本身所固有的生理特征或者行为特征进行身份识别的技术。它是以信息技术为手段,以生物技术为基础,将21世纪两大热门技术"生物和信息"融为一体,正如比尔·盖茨所预言:以人类生物特征进行身份验证的生物识别技术,在今后数年内将成为IT产业最为重要的技术革命。

在众多生物特征识别技术中,人脸识别技术作为一种自然、直观、友好、安全、实用的生物特征识别技术已经成为当前人工智能和机器视觉领域中最具发展潜力的技术之一。此外,人脸识别技术涉及图像处理、模式识别、计算机视觉、心理学以及神经网络等十多门学科,同时其原理与人脑工作机制和认知科学息息相关。因此,人脸识别技术的研究可以促进相关学科的发展,具有极大的学科研究价值。

尽管已有的人脸识别技术能够获得优越的性能,但由于人脸图像易受光照、姿态、表情等外界因素变化的影响,非控制条件下的人脸识别仍然存在许多问题,关键技术有待进一步解决和完善。本书针对当前人脸识别的关键技术进行研究,重点介绍了多姿态和表情变化条件下的人脸识别技术。第1章介绍了当前主流的生物特征识别技术,包括指纹识别、掌纹识别、虹膜识别和人脸识别;第2章介绍了人脸图像的常用的预处理方法;第3章介绍了多姿态人脸识别技术,重点介绍了人脸姿态估计方法和多姿态人脸识别的应用;第4章介绍了人脸表情识别技术,围绕人脸表情识别的难点进行了分析,重点阐述了人脸表情特征提取和人脸表情特征分类的常用方法。

本书的研究工作得到了河南省科技攻关项目(182102210253)、河南省高等学校重点科研项目(19A510008)的资助。此外,在本书的撰

·1·

写过程中参考了大量的文献,在此对相关作者表示衷心的感谢!

限于作者水平,书中难免存在疏漏之处,恳请读者批评指正。

栗科峰

2018 年 8 月

目　录

第1章 生物特征识别技术基础

1.1 引 言

随着信息化、网络化的极速推进,信息交换者彼此身份的认证与确认在信息交换前和处理过程中显得极为重要。传统的身份鉴别方法主要依赖于两种途径:①主体所拥有的身份标识物品,主要包括证件、钥匙、磁卡等;②主体所知道的身份标识知识,主要包括用户名、密码、提示问题答案等。前者容易丢失、被伪造,后者容易被盗用、被遗忘,因而给人们的工作和生活带来了诸多不便和潜在的安全隐患。而基于生物特征识别技术避免了传统的身份识别技术的诸多缺点,并具有自身的高可靠性、高稳定性,越来越受到研究者的重视。

近年来,基于人体生物特征的身份认证技术(Biometrics)备受人们的青睐。生物特征识别技术是指利用人体本身所固有的生理特征(Physiological Characteristics)或者行为特征(Behavioral Characteristics)进行身份识别的技术。它是以信息技术为手段,以生物技术作为基础,将21世纪两大热门技术"生物和信息"融为一体。生物特征具备"人人拥有、人各不同、长期不变"的特点,是人类一个完整和独特的部分,它不会被遗忘或丢失,具有先天的便利性和技术方面的高效性。正如比尔·盖茨所预言:以人类生物特征进行身份验证的生物识别技术,在今后数年内将成为IT产业最为重要的技术革命。

生物特征识别技术是指通过计算机利用人体所固有的生理特征或者行为特征来进行身份鉴定的过程。常用的生理特征有指纹、掌纹、虹膜、人脸等,与传统识别方式相比,生物特征识别最大的特点就是对用户自身的特征进行认证,具有防伪性好、稳定性好、不易丢失或不易遗忘等优点。近年来,国内外很多科研工作者致力于这方面的研究,他们所做的工作证明了生物特征识别系统的可行性和较高的认证率。但是，每一种生物识别在准确率、用户接受程度、成本等方面都不同，而且都有自己的优缺点，适应于各自的应用场合。

在工作领域，电子门禁准入的验证、上下班打卡、视频监控等都是已经普及开来的应用；在生活领域，家里的指纹锁、手机的指纹解锁、指纹支付等都非常的方便、安全；在社会领域，有火车站入口的人脸识别、社保系统的资料安全等；在特殊安全领域，融合人脸和掌纹的多特征识别系统已经应用；在计算机领域，网络中个人身份隐私和财产都开始利用生物信息进行加强保护。可以预见到的越来越大的市场需求，无时无刻不推动着生物识别技术的一点点更新和改进，使我们的生活充满了安全感，如图 1-1 所示。

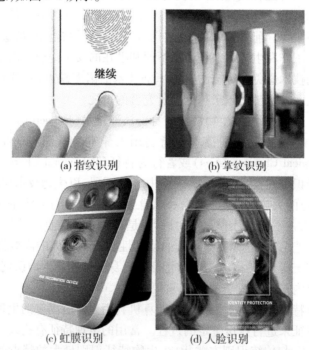

(a) 指纹识别　　　　　　　(b) 掌纹识别

(c) 虹膜识别　　　　　　　(d) 人脸识别

图 1-1　常用的生物特征识别技术

通常，用于身份鉴别的生物特征一般具备以下特点：

（1）唯一性：人人各不相同，不同的人拥有不相同的特征，即使双胞胎也不一样。

（2）普遍性：人人拥有，每个人都应该具有这种特征。

（3）稳定性：所选择的特征至少在较长的一段时间内不变。

（4）可采集性：选择的特征能够用物理设备定量测定。

在实际应用中，除考虑以上四个因素外，还应考虑系统的可接受性、安全性和识别效率等问题。表 1-1 列出了目前主要的生物特征及其性能比较。

表 1-1　主要的生物特征及其性能比较

生物特征	普遍性	稳定性	唯一性	可采集性	识别性能	防欺骗性	可接受性
人脸	高	中	低	高	低	低	高
虹膜	高	高	高	中	高	高	低
DNA	高	高	高	低	高	高	低
指纹	中	高	高	中	高	高	中
掌纹	高	高	中	高	高	中	高
手形	中	中	中	高	中	中	中
静脉	中	中	中	中	中	高	中
视网膜	高	中	高	低	高	高	低
声音	中	低	低	中	低	低	高
步态	中	低	低	高	低	中	高
脸部温谱	高	低	高	高	中	高	高
指节纹	中	高	中	高	中	中	高
牙形	中	中	中	低	低	中	低
皮纹	高	低	低	高	低	中	高
骨骼	中	中	中	低	低	中	低
气味	高	高	高	低	低	低	中
人耳	中	高	中	中	中	中	高

生物特征	普遍性	稳定性	唯一性	可采集性	识别性能	防欺骗性	可接受性
心电	高	低	低	低	低	低	低
笔迹	低	低	低	高	低	低	高
脉搏	高	低	低	低	低	低	低
按键	低	低	低	中	低	中	中
足迹	中	低	低	低	低	低	中

表 1-1 中所提到的视网膜、人耳、脸部温谱、牙形、皮纹、骨骼以及气味等生理特征目前还处于研究阶段，走入市场还需假以时日。目前，应用最为广泛的为指纹、掌纹、虹膜和人脸等相关的产品，下面将重点介绍这四种生物特征识别技术的基本原理与研究现状。

1.2 指纹识别

1.2.1 指纹简介

指纹就是手指表皮上突起的纹线。每个人的指纹除形状不同外，纹形的多少、长短也不同，至今还没有发现两个指纹完全相同的人。指纹在胎儿第 3、4 个月便开始产生，到第 6 个月左右就形成了。当婴儿长大成人，指纹也只不过放大增粗，它的纹样不变。

指纹特征是人终生不变的特征之一，人体指纹含有天然的密码信息，其具有作为密码信息必须具备的四个重要性质：

（1）特定性。人人都有指纹，但指纹各不相同，即指纹的特定性。指纹的这种特定性是指在全世界现存的人中不可能找到两个完全相同的指纹。

（2）稳定性。指纹的形态结构终身基本不变，即指纹的稳定性。一个人随着年龄的增长，指纹纹线由小变大，由细变粗，但是纹线的数量、结构、位置、细节特征、总体布局及乳突线的分布范围等终生不变。

（3）可印痕性。指纹触物即可留痕，即指纹的可印痕性。这是因为手掌面附有的汗液、油垢、灰尘等物质，只要手触摸到适合承受手印的物体上，就可以形成手印。这一特征使得指纹的痕迹有被发现、被提取和鉴定出进行科学管理的可能，从而可以直接利用它来认定人身份。

（4）指纹可储存性。使用电子计算机配置光电指纹采集器可将指纹图形录入计算机存储器中备查和使用。

所以，指纹是人体所固有的特征，随身携带，不易遗忘或丢失，使用方便；与人体是唯一绑定的，防伪性好，不易伪造或被盗。因此，运用指纹鉴定进行身份认定，是一种可靠的方法。

能够用我们的眼睛直观地观察出指纹的纹形即为指纹的全局特征，一般可分为以下几种类型：斗型（whorl）、右箕型（right loop）、拱型（arch）和左箕型（left loop），如图 1-2 所示。

(a) 斗型   (b) 右箕型   (c) 拱型   (d) 左箕型

图 1-2　指纹的基本图案

我们把指纹分为这几种基本图案，为了方便在指纹库中能够快速地检索到相匹配的指纹。但是，仅仅依靠这一分类还远远达不到我们检索指纹的要求。全局特征包括核心点、三角点、模式区和纹数。

核心点（core point）是指在指纹最中心的那个位置的点。在许多指纹算法中指纹的读取和对比都是基于核心点而设计的，处理和识别具有核心点的指纹。核心点如图 1-3（a）所示。三角点（delta）是指从指纹核心点的纹路开始到相遇的第一个分叉点或断点、或是两个纹路相遇的点、一条纹路的转折点及一个独立的点。三角点如图 1-3（b）所示。模式区（pattern area）是指纹的全局特征的一部分，我们从模式区就可以辨别出指纹的类型，有些指纹识别算法只用了模式区的指纹数据,有的用了整个指纹的数据。模式区如图1-3(c)所示。纹数(ridge count)是模式区中所包含的指纹纹路的个数,一般通过计算核心点和三角点之间指纹的条数来计算纹数的个数。纹数如图1-3(d)所示。

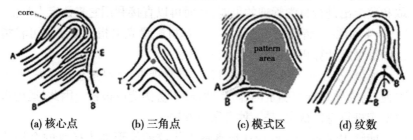

(a) 核心点　　　　(b) 三角点　　　　(c) 模式区　　　　(d) 纹数

图1-3　指纹的全局特征

　　指纹纹路中会有很多的分叉、断点、转折等,并不是连续不断和平滑的。指纹的局部特征就是由这些分叉、断点和转折组成的,这些局部特征决定了指纹的唯一性。

　　指纹的局部特征点可分为以下几种类型:终结点(ending)是一条指纹的纹线到这里就没有了的点,如图1-4(a)所示;分叉点(bifurcation)是一条纹线到此会分叉,可能分成两条或者更多条的纹路,如图1-4(b)所示;分歧点(ridge divergence)是原本平行的两条纹线到此分开成为不平行的两条纹路,如图1-4(c)所示;孤立点(dot or island)是一条很短以至于可以把它视为一个点的纹路,如图1-4(d)所示;环点(enclosure)是一个分叉为两条的纹线之后又相遇成为一条的纹路,如图1-4(e)所示;短纹(short ridge)是一端较短但不至于成为一点的纹路,如图1-4(f)所示。

1.2.2　指纹识别的研究背景

　　1872年Francis Galton提出了分叉点和端点开发指纹识别模式,这两种细节特征可以为每一枚指纹构建唯一的信息,基于这两种特征的指纹识别模式至今都在使用。1880年Henry和Faulds第一次科学地提出了指纹的两个重要特征:一是任何两个不同手指的指纹脊线的式样不同;二是指纹脊线的式样在人的一生中不会改变。这一发现奠

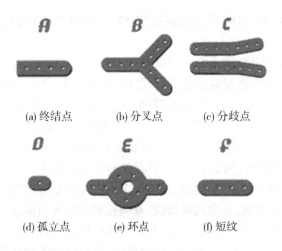

(a) 终结点   (b) 分叉点   (c) 分歧点

(d) 孤立点   (e) 环点   (f) 短纹

图1-4　指纹的局部特征点

定了现代指纹识别技术的理论基础,也使得指纹识别在罪犯鉴定中得到应用;Francis Galton 对指纹进行了深入研究,并于 1888 年引入了特征点的分类技术;1899 年,Edward Henry 学习了 Galton 的指纹科学,建立了著名的"Henry System"用于指纹分类;使用精准的指纹索引给专家指纹识别带来极大的便利,早在 20 世纪初期,司法部门已经正式采用指纹作为有效的身份标记,一些指纹识别机构建立了世界范围的罪犯指纹档案库;20 世纪 60 年代,美国 FBI(Federal Bureau of Investigation)开始着手开展基于指纹的自动生物特征识别研究工作,美国在这一领域的研究水平一直处于世界最前沿。

　从事指纹识别研究和开发的公司、科研机构、学校比较多,其中较为著名的有:法国 Morph、立陶宛 Neurotenologija、日本 NEC、美国国家标准局视觉处理研究 IBM 沃特森研究中心、Biometric Access、Identicator、加州理工学院、华盛顿大学圣路易斯分校、得克萨斯理工大学和圣琼斯州立大学等。科研机构有美国密歇根州立大学的模式识别与图像处理研究室和新加坡南洋理工大学信号处理中心等。由于社会对指纹识别有着日益迫切的需求以及指纹识别领域仍然存在许多难题,近年来指纹识别研究十分活跃,与指纹识别有关的国内外活动有国际模式识别会议 ICPR、国际指纹验证比赛 FVC、中国的生物识别学术会议 CCBR 等。

随着指纹识别技术的发展以及产品产业化的推进,指纹识别广泛应用于人们已经熟知的信息安全、刑侦、公共安全、金融等领域中,适用于几乎所有需要进行安全性防范的场合,遍及诸多领域,另外,在 IT、医疗、福利等行业的许多系统中都具有广阔的应用前景:

(1)信息安全领域:如个人计算机密码使用指纹验证代替、网络安全防范、网上银行、网上贸易、电子商务的安全交易等。

(2)医疗方面:如献血输血管理、个人医疗档案管理等。

(3)刑侦领域:获取现场指纹,查询犯罪嫌疑人的信息。

(4)公共安全方面:如指纹门锁、汽车门锁、个人指纹身份证等。

(5)社会福利方面:如公费医疗确认、保险受益人确认等。

(6)金融安全方面:如指纹智能卡、ATM 指纹终端、指纹保险箱、指纹储蓄卡、大额取款客户身份确认、交易终端客户身份确认、远程交易身份确认等。

(7)其他方面:如指纹考勤、俱乐部会员确认、海关出入境快速通关认证等。

由此可见,指纹识别技术拥有很大的市场空间,对快速准确的指纹识别系统的研究有着重要的科学意义和市场应用价值。

1.2.3 指纹识别技术原理

指纹识别是典型的模式识别,它包含两个主要的模块:鉴定模块和识别模块。鉴定模块是通过把一个现场采集到的指纹与一个已登记的指纹进行一对一的比对,来确认身份的过程。这个过程需要采集指纹数据,提取代表这些数据的特征,并将这些特征和相关的指纹信息存入数据库。识别模块则是把现场采集到的指纹的特征点同指纹数据库中的指纹的特征点逐一对比,从中找出与现场指纹相匹配的指纹。

指纹识别的基本流程为指纹采集、指纹图像预处理、特征点提取及特征点匹配。指纹识别技术的工作原理如图 1-5 所示。

所获取指纹图像是三维的手指映像在二维表面所成的像,一般来

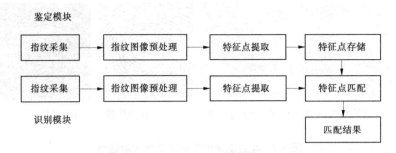

图1-5　指纹识别技术的工作原理图

说,这种映像过程是很难控制的不均匀接触,如部分脊线结构信息不能与采集板完全接触;另外,手指皮肤的干燥程度、汗渍、污渍、皮肤病、手指受伤等因素会导致一些错误信息被采集;还有设备本身的噪声干扰这些因素将导致采集的指纹图像是一幅含多种不同程度噪声干扰的灰度图像,所以一般要对采集到的指纹图像进行预处理。

预处理的目的就是去除图像中的噪声,把其变成一幅清晰点线图,这样才能提取到正确的指纹特征,从而实现正确匹配。预处理的过程主要包括指纹图像的归一化、背景分割、二值化、二值化后处理及细化,流程如图1-6所示。

图1-6　指纹图像预处理流程图

（1）指纹图像的归一化:指纹图像的对比度和灰度调整到一个固定的级别上,为后续处理提供一个较为统一的图像规格。

（2）指纹图像的背景分割:确定指纹的有效区域,有针对性地进行处理,提高处理速度,保证处理效果。

（3）指纹图像的二值化:将滤波后的图像转化为二值化的图像。

（4）指纹图像的二值化后处理:滤除二值化后图像中的噪声。

（5）指纹图像的细化:将图像变成单像素连通图。

指纹图像的部分预处理试验结果如图1-7所示。

  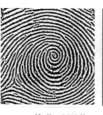 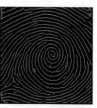

(a) 原始指纹图像　(b) 归一化后图像　(c) 二值化后图像　(d) 细化后图像

图 1-7　指纹图像的部分预处理试验结果

特征提取是指纹图像识别中的关键一步,特征提取的准确程度直接关系着匹配的正确性。因此,能否从指纹图像中可靠地提取细节点,直接影响指纹匹配的精度。理想的指纹细节点提取方法应该不产生虚假细节点、不遗漏真实细节点以及细节点的位置和方向没有误差,细节点的提取一般是从细化图像上提取。

指纹细化图像的主要特征是纹线端点和分叉点,采用这两种主要特征构造指纹特征向量,常规的提取方法是模板匹配法,其具有运算量小、速度快的优点。

端点和分叉点是建立在对八邻域的统计分析基础之上的,在八邻域的所有状态中,满足端点特征条件的有 8 种,如图 1-8 所示;满足分叉点特征条件的有 9 种,如图 1-9 所示。

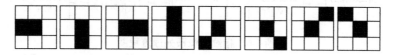

图 1-8　端点模板

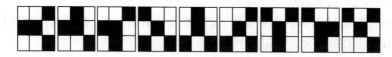

图 1-9　分叉点模板

由于图像质量和噪声的干扰,经过预处理后的细化图像上存在大量的伪特征点。这些伪特征点的存在,不但使匹配的速度大大降低,还使指纹识别性能下降,造成识别系统性能的下降。通过特征提取,提取了所有的真特征点和伪特征点,并需要进一步处理以消除伪特征。因此,在进行指纹匹配之前,尽可能将伪特征点滤除,同时保留真特征点。

伪特征点可划分为两类,即位于图像边缘和图像内部的伪特征点。前者是由于截断图像产生不连续点,后者是由于指纹采集时手指的汗渍、疤痕和按压轻重不同等各种噪声影响而产生的,表现为部分纹线的不正常连接、断裂等。常见的伪特征点有端点、断点、毛刺、小桥等,如图 1-10 所示。

图 1-10　伪特征点结构

伪特征点滤除步骤如下:

(1)对于端点,判断相邻结构中特征点有无短枝、纹线间断等伪特征结构,如没有,则是真特征点;如有一个或两个,则是伪特征结构,并按照先短枝后纹线间断的顺序进行删除。

(2)对于分叉点,判断相邻结构中有无毛刺、孔洞、叉连等伪特征结构,如没有,则是真特征点;如有一个或多个,是伪特征结构,并按照毛刺、孔洞、叉连的顺序进行删除。

(3)对边界特征点的去除,对初选出的特征,计算它们与边界的距离,当距离小于预先设定的阈值时,则认为该特征点不可靠,从指纹特征中删除该点的记录。

消除毛刺和小桥的指纹特征点如图 1-11 所示。

指纹的匹配是指纹识别的最后一步,也是指纹识别系统的最关键的一步。在匹配过程中,要将待识别指纹的有关数据与保存的指纹数据进行对比。

指纹匹配方法大体上可分为基于频谱的匹配和基于细节点的匹配。

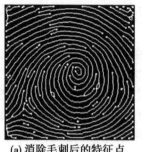 

(a) 消除毛刺后的特征点　　　　　　　　(b) 消除小桥后的特征点

图 1-11　伪特征点滤除试验结果

基于频谱的匹配方法认为指纹细节点分布在不同指纹的频率域上将会表现为不同的频率分布,根据对比两幅指纹图像的频率域的相关性,可得出关于两幅指纹是否为同一手指的判定。这种方法是在频率域中进行判定的,具有旋转不变性的特点,但它计算量较大,对计算机要求较高,所以当前的指纹认证方法大体上都是基于细节点的匹配。

基于细节点的匹配有多种算法:Stockman 等提出的基于 Hough 变换的方法把点模式匹配转化成了对转换参数的 Hough 空间中峰值的检测;J. P. Starink 与 E. Backer 从能量最小化的角度描述点匹配问题,并使用模拟退火的方法;Rand 研究所 Ratkovic 提出了更细致的指纹特征模型,该模型区分 10 种不同的指纹特征;在此基础上,J. H. Liu 等用在指纹上叠加栅格并对特征的分布编码的方法来识别特征;Sparrows 与 A. K. Hrechak 等都提出了基于结构特征信息的指纹特征匹配;D. K. Isenor 与 S. G. Zaky 使用图来表示指纹特征,并用图匹配的方法来匹配指纹图像;S. Sobajic 等描述了一种利用神经网络来进行细节点匹配的算法。采用人工神经网络的方法,容错性高,且必须要有大量样本的事先训练才能发挥作用,而且由于神经网络固有的反复处理特性,速度难以得到提高,计算量也偏大,因此不适合用于对时间要求较高的实时在线指纹识别系统。目前,最流行的指纹匹配算法是 FBI 提出的用点模型进行特征点匹配,它利用指纹脊线的端点和分叉点这些特征点来表示指纹信息,并通过这些信息来实现指纹匹配。

采用点模型进行特征点匹配的试验结果如图 1-12 所示。

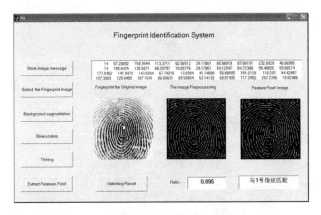

图 1-12　指纹识别系统匹配结果

1.3　掌纹识别

1.3.1　掌纹简介

掌纹主要指从手腕到手指根部之间组成的手掌区域的纹线。掌纹区域的主要特征有：三条主线、皱纹和脊线等，这些特征覆盖了整个的掌纹区域。同时脊线产生了几个特征，这些类似于指纹的特征，例如奇异点和细节点。主线和主要皱纹的形成是在胎儿发育的第 3 个月到第 5 个月的胎前发育时期，而且其他的线直到出生还没有出现。屈肌线也可以叫主线，根据手相学上的定义，又将主线分为生命线、智慧线和感情线，这三条主线主要是由基因决定的。每个人的掌纹是不同的，即使是同卵双胞胎也具有不同的掌纹特征。同时掌纹区域又可以分成手指根部区域、鱼际区域、小鱼际区域，如图 1-13 所示。

根据对掌纹图像的分析，用于特征识别的掌纹特征能够分成以下几部分：

（1）几何特征：掌纹的几何形状的特征，例如掌纹的宽度、长度和区域。这些特征只使用分辨率低的仪器就很容易采集，但是特征的可区分度不高。在一些情况下，这些特征只作为手的几何特征，并不认为

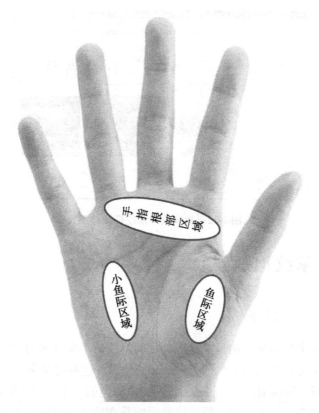

图 1-13 掌纹的不同区域

是典型的掌纹特征。

（2）主线特征：主线特征包括了三条主要的主线（屈肌线）出现在每个人的手掌中，这些特征是掌纹识别中很重要的特征。由于这些特征采集率高和永久性，同时能够用低分辨的仪器采集，但是这些特征很容易伪造。

（3）皱纹特征：皱纹特征被认为是第二种，由于它们不规律，所以区分度很高。虽然这些特征可以很好地采集，但是永久度比主线低，同时这些皱纹也可以伪造。

（4）三角点特征：在指根的下面以及中指下方靠近手腕的位置乳突纹在手掌上形成一些三角区域，这些三角区域的中心点就是三角点。

相对于细节点来说,掌纹这些特征有高的稳定性但是区别性低,因此采集需要高分辨率的仪器。

(5)细节点特征:对应于掌纹中脊线合并、分叉、结束或者开始的点,有很高的异同性和固定性,因此采集需要高分辨率设备。

(6)其他特征:主要有孔、初期的脊线和疤等,与细节点相似,这些特征区别性高,采集也需要高分辨率的仪器。

掌纹的基本特征如图 1-14 所示。

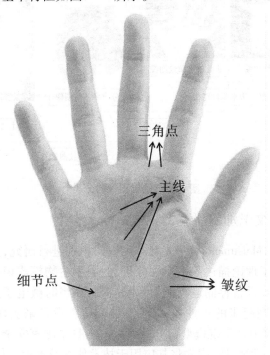

图 1-14　掌纹的基本特征

根据不同的规则,掌纹图像有不同的分类方法。比如按照分辨率来分,掌纹图像可以分为低分辨率掌纹图像和高分辨率掌纹图像。其中,低分辨率掌纹图像一般指 ppi 为 100 左右的掌纹图像,而高分辨率掌纹图像一般指 ppi 为 500 或以上的图像;如果按照维度来分的话,掌纹图像又可以分为二维(2D)掌纹图像和三维(3D)掌纹图像;如果按照采集方式的不同,掌纹图像又可以分为接触式掌纹图像和非接触式掌纹图像。接触式掌纹图像采集方式指掌纹图像在采集时,手掌和采集设备之间是完全接触的,而且手掌的放置位置和摆放方式都需要配合采集设备来完成采集。非接触式掌纹图像采集顾名思义就是指掌纹图像在采集时,手掌和采集设备之间是非接触的,因此采集过程中手掌的放置方式相对比较自由。图 1-15 展示了掌纹图像的分类情况。

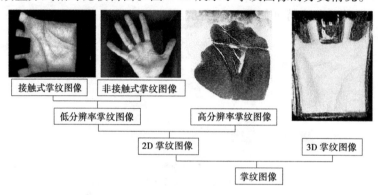

图 1-15　掌纹图像的分类

1.3.2　掌纹识别的研究背景

1985 年,Matsumoto 等率先对掌纹模式识别进行研究,并针对基础的概念进行了理论描述与可行性分析,但由于生物模式识别技术对计算机算法以及设备存储运算能力要求较高,在当时微电子集成以及计算机技术刚刚起步的条件下,缺少高性能运算设备来实现相关算法。1997 年,掌纹识别系统模型由 Boles 等提出,日本国家安全部门关注到这一模型的实用性后,率先将其应用于技术侦查及刑侦工作中。

从国内看,香港理工大学掌纹识别研究小组于 1998 年开始进行掌纹识别算法研发,该团队率先开发了民用的在线掌纹识别系统,提出的空域特征提取算法被后来的科研团队广泛采用。香港理工大学掌纹识别研究小组于 2003 年建立了目前国内公开的最大掌纹数据库。1999 年,Zhang Da - peng 等利用基准点不变和线性特征匹配方法来提取掌纹的纹线特征,实现了离线掌纹识别,他们利用线段代替纹线走势,用拟合匹配方式实现掌纹身份验证,但由于模板的方向及尺度局限性,对复杂掌纹的识别率较低。2003 年,Lu Guang - ming 等将原始掌纹图像进行 K—L(Karhuner - Loeve) 正交变换,消除模式之间部分相关性后再对样本实施 PCA(Principal Component Analysis,PCA) 操作,降低特征复杂度,得到了比较清晰的掌纹特征,最后利用欧氏距离实现分类。2005 年,李艳来等提出建立具有平移不变性的 Zernike 矩特征矢量,将样本利用特征矢量分解为两类模块,利用模块化神经网络(Modular Neural Network, MNN) 实现分类识别。2008 年,Huang De - shuang 等提出基于掌纹三条主线的特征识别方法,然而,在掌纹样本增多时会遇到主线纹理相似的掌纹,用这种算法的识别效果会明显下降。同年,由 Hu De - wen等建立的基于 2DLPP(Two - Dimensional Locality Preserving Projection, 2DLPP) 的纹理特征提取算法,可以在原图的基础上保留较多的有效信息。2011 年,Dai J 等提出结合掌纹主线、纹理方向以及疏密特征的多特征掌纹图像识别方法,该方法对图像分辨率要求高。2012 年,Zhang David 等针对已有的掌纹识别算法分类为:基于整体、基于特征以及基于混合特征提取的三大类方法,并对掌纹识别技术发展方向做出推测。2013 年,王宝珠等提出了基于改进分块的 2DPCA(2 - Dimension Principal Component Analysis,2DPCA) 与神经网络相结合的掌纹识别方法,建立 2DPCA 函数实现特征提取,通过 RBF(Radial Basis Function,RBF) 神经网络实现特征的分类识别。2014 年,Raghavendra R 等提出了融合光谱特征的掌纹识别方法,通过对独立样本的有效区域进行多光谱图像分析,提取同一样本的不同光谱特征组合成新特征,用稀疏判别分类器对特征降维后再进行识别,提高了分类准确率。2015 年,Wang Gang 等提出将手掌轮廓特征与纹理信息融合的方法,利用掌形与纹理特征进行掌纹识别。2016 年,Luo Yue - tong 等提出基于 LLDP(Local Line Directional Pattern,LLDP) 的掌纹识别算法,该方法注重掌纹特征向量的空间差异,对掌纹特征空间进行编码表示。2017 年,Zhou Li - an 等建立的基于多小波与复杂网络结合的掌纹特征提取方法,将多小波窗口提取到的掌纹特征利用复杂网络集成化,利用生成的网络特征作为掌纹的标签,对掌纹进行分类识别。同年,Liu Dian 等提出基于卷积神经网络的非接触式掌纹分类识别方法,该方法在掌纹识别过程中取得了良好的识别效果。

1.3.3　掌纹识别技术原理

掌纹识别系统框架如图 1-16 所示,主要包含掌纹图像采集、掌纹图像预处理、掌纹特征提取与训练、掌纹特征比较等环节。特征提取和匹配识别是掌纹识别系统中的核心算法部分,但是图像采集和预处理也很重要,因为图像在预处理阶段是否配准直接影响最终的识别率。掌纹图像的匹配和识别,首先要保证两幅掌纹的感兴趣区域(Region Of Interest,ROI)图像在预处理过程中的划分是一致的,如此后续进行的掌纹匹配和识别才能有所保证。

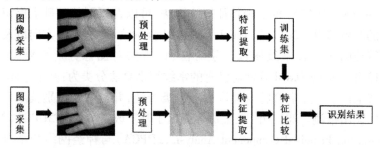

图 1-16　掌纹识别系统框架

图 1-17 为具体的掌纹图像预处理过程,掌纹图像预处理主要是指对掌纹图像进行定位分割和提取感兴趣方形区域。从图 1-17 中的掌纹图像可以看出,纹理信息最丰富的区域是手掌中心包含三条主线的区域,因此对采集到的掌纹图像的预处理,就是希望得到掌心周围包含三条主线的方形区域,一般为 128 × 128 像素的图像大小,称为感兴趣区域。

在掌纹图像的预处理过程中,首先对采集到的掌纹图像与背景相分离;其次提取掌纹边缘,对掌纹图像进行平滑去噪和二值化之后,再进行角点提取和关键点定位,根据关键点定位建立合适的坐标轴,对掌纹图像进行旋转校正;最后提取出所需要的 ROI 区域。不管是 2D 掌纹,还是 3D 掌纹和多光谱掌纹,预处理过后都是希望得到标准的

128×128 的 ROI 中心区域。

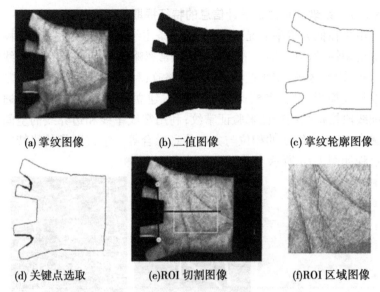

(a) 掌纹图像　　　　(b) 二值图像　　　　(c) 掌纹轮廓图像

(d) 关键点选取　　　(e)ROI 切割图像　　　(f)ROI 区域图像

图 1-17　掌纹图像预处理过程

提取得到手掌中心区域图像后,通过图像增强来提高 ROI 的信息分辨率。图像增强算法包括基于空间域的图像增强算法和基于频率域的图像增强算法两类。空间域的图像增强算法主要包括基于邻域增强的均值滤波法、基于像素点运算的直方图均衡化法。其中,均值滤波法选取线性滤波函数,取局部领域中的平均像素值,有效减弱图像整体的噪声,但是不可避免会对纹点特征造成一定损失;直方图均衡化法将 ROI 中占比例较高的灰度级进行展宽,同时对占比例较小的灰度级进行适当压缩,实现增强图像对比度效果,丰富图像的灰度色调变化,突出了图像特征。频率域的图像增强算法主要是对图像进行高频滤波或低频滤波。其中,像素值变化平缓的区域频率值较低,像素值产生锐变的边缘区域频率值高,常用小波变换、傅里叶变换等方法对频率域进行相应的滤波处理。

掌纹特征提取方法主要包括:纹理结构融合统计信息的特征提取、多维子空间掌纹特征提取、转换编码掌纹特征提取,以及基于特征融合的掌纹特征提取等。

1.3.3.1 纹理结构融合统计信息的特征提取

由于在低分辨率情况下,掌纹的三条主线和褶皱依然具有较稳定的可辨识性,所以早期的掌纹识别算法常忽略细节点,主要关注纹线结构分布、褶皱区域、纹线走势。常见思路有:利用直线段拟合、建立掌纹主要纹线模板;融合多模式提取掌纹线,建立线段模拟纹线特征,通过匹配线段模拟纹线特征来验证掌纹;利用掌纹主线和边界线的空间信息融合,基于掌纹线的相位与方向信息融合等。掌纹图像的线特征提取过程如图1-18所示。

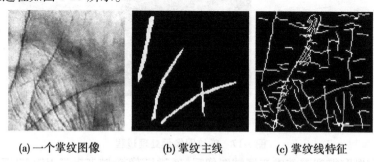

(a) 一个掌纹图像　　　　(b) 掌纹主线　　　　(c) 掌纹线特征

图1-18　掌纹图像的线特征提取过程

在分辨率大于100 dpi条件下,可以对掌纹ROI图像提取灰度均值、重心值以及图像方差等信息,作为统计学信息特征来对掌纹进行识别;可以通过提取每幅掌纹图像对应于不同维度、不同尺度的局部二值化直方图,作为掌纹的特征信息;也可以采用差异化方向Sobel算子对手掌图像边缘检测,统计图像边缘点分布特征以及边缘纹线走势信息,根据得到的边缘特性对图像采用分块法标记,综合分块图像作为掌纹特征。

1.3.3.2 多维子空间掌纹特征提取

基于多维子空间的掌纹特征提取方法是通过将掌纹图像对不同维度映射,通常是从高维映射到低维空间,降低运算复杂度的同时,在得到的子空间中提取掌纹特征信息。Jiang Wei等对原始掌纹图像提取全局PCA特征以及FLD(Fisher Linear Discriminant,FLD)特征,并将它们结合作为掌纹子空间融合信息特征。Du Ji – xiang 等提出利用掌纹图像的高阶统计信息,结合 RBPNNs(Radial Basis Probabilistic Neural Networks,RBPNNs)对掌纹进行特征提取和识别。

1.3.3.3 转换编码掌纹特征提取

基于转换编码掌纹特征提取方法是将纹理图像依据一定的规则进行滤波、分块、编码,采取特殊编码规则对掌纹特征进行编码,突出待识别样本的独特性。Wu Xiang – qian 和 Kuan – quan 等利用多分辨小波的稳定性对掌纹图像进行分层处理,选多方向、多尺度小波变换对掌纹图像进行特征提取,将采集到的特征作为掌纹信息编码,通过不同特征码实现掌纹识别,但该方法对复杂环境下采集的掌纹图像鲁棒性较差;Kong Wai 等通过竞争编码算法对掌纹特征进行提取,选 6 个不同方向Gabor 滤波器对掌纹 ROI 图像滤波,取每个采样点幅值最小的方向编码为 3 bit,通过二进制逻辑判断等操作计算特征之间的角距离,利用此算法得到的编码特征有良好的鲁棒性。

1.3.3.4 基于特征融合的掌纹特征提取

特征融合方法是指在已有掌纹特征提取算法的基础上,利用多种优化方法,结合信息融合技术,提取具有互补性的样本特征。常用的特征融合方法主要分为特征层的融合以及决策层的融合。其中,特征层的融合是利用综合分析法对输入数据进行分析。例如,Liu Cheng – jun 等选取 Gabor 滤波器的四方向五尺度的掌纹图像滤波结果,结合 KPCA(Kernel Principal Component Analysis,KPCA)计算融合特征,虽然提升了掌纹样本的识别率,但算法的复杂度较高;相比于特征层的融合,决策层的融合更关注对输入数据进行处理后对判定结果的融合。例如,由王科俊和宋新景等提出的基于手形和掌纹决策层的融合方法进行掌纹识别,该方法将基于几何特征的手形特征提取和基于模糊方向能量的掌纹特征提取在决策层进行融合,从而构建出基于并联融合和串联融合的双模态识别系统。

在提取到掌纹特征数据后,需要根据提取到的掌纹特征数据进行分类识别。分类的实质是通过分类决策算法实现由测试样本特征到已知训练样本类别的投影。在掌纹识别中,常用到的分类决策算法包括:

最近邻分类算法（K – Nearest Neighbor, KNN）、支持向量机分类算法（Support Vector Machine, SVM）、基于 Logistic 回归的分类算法和 Softmax 分类算法等。

最近邻分类算法的优势在于其算法结构简单、易实现，算法核心思想是：通过测量不同特征之间的距离，对距离最近的进行归并，若测试目标在建立的特征空间中对应的 K 个最近似样本中的最多数属于某一类别，则该测试样本也属于这个类别。当 K 值为 1 时，可以认为测试样本与该唯一值距离最近，属于该类别。

支持向量机分类算法是典型的二维分类模型算法，实质是在特征信息空间中构造分类间隔最大的线性分类，最终将二分类问题转为一个凸型二次规划求最优解问题。

基于 Logistic 回归的分类算法和 Softmax 分类算法常在神经网络结构中使用，Logistic 回归模型常用于二分类，Logistic 回归模型在多分类问题上推广得到 Softmax 回归模型。Softmax 分类常常以多项式分布（multinomial distribution）为标准模型建模，可分多种互斥类，在神经网络中主要用于最终的多类别分类。Logistic 回归实质上是用事件发生概率除以事件未发生概率再取对数，利用这种变换关系，可以改变特征取值区间矛盾和变量之间的非线性关系。通过回归变换，可以使得因变量与自变量之间呈现线性分类关系。Softmax 分类算法利用的是 Softmax 回归计算出某个样本特征属于某一类的似然概率，依据概率值最大的进行分类。

1.4 虹膜识别

1.4.1 虹膜简介

虹膜是位于人眼表面黑色瞳孔和白色巩膜之间的圆环状区域（见图 1-19），在红外光下呈现出丰富的纹理信息，如斑点、条纹、细丝、冠状、隐窝等细节特征。虹膜是外部可见的，环绕瞳孔的有色圆环，是一个肌肉组织，虹膜直径约 12 mm，厚约 0.5 mm，根部最薄。虹膜表面高低不平坦,有皱缓和凹陷,凹陷又称隐窝。由于虹膜内血管分布不匀,使虹膜表面出现许多的放射形条纹。这其中包含的许多互相交错的类似于斑点、细丝、冠状、条纹、隐窝等的细微特征,就构成了我们所说的虹膜纹理信息。虹膜识别就是利用虹膜组织上这些丰富的纹理信息,作为重要的身份识别特征。

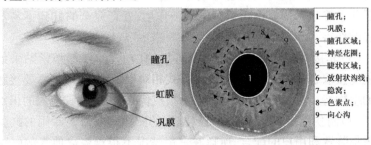

1—瞳孔;
2—巩膜;
3—瞳孔区域;
4—神经花圈;
5—睫状区域;
6—放射状沟线;
7—隐窝;
8—色素点;
9—向心沟

图 1-19　虹膜结构

从虹膜的生理结构可以看出虹膜的纹理含有极其丰富的特征。此外,每个人的虹膜纹理都有显著差异,而且虹膜的生理结构很稳定。在进入成年期以后,一般虹膜的结构将保持稳定(随着年龄老化,轻微的色素衰退和瞳孔平均张开半径的轻度萎缩对虹膜形态影响很小),临床医学的观察已经充分说明了这一点。另外,虽然虹膜的整体形态是由基因决定的,但是它的许多细节纹理的形成却是受众多环境因素的影响(如在胚胎时期的状况)。因此,几乎不可能通过自然的手段复制虹膜。并且眼睛为人体中最为敏感的部位,想通过手术修改虹膜结构其难度、危险度都极大。

因此,将虹膜特征作为身份的标识具有以下特点:

(1)唯一性。由于虹膜图像存在着许多随机分布的细节特征,造就了虹膜模式的唯一性。英国剑桥大学 John Daugman 教授提出的虹膜相位特征证实了虹膜图像有 244 个独立的自由度,即平均每平方毫米的信息量是 3.2 bit。考虑到用模式识别方法提取图像特征是有损压缩过程,因此可以预测虹膜纹理的信息容量远大于此。虹膜的形态由 DNA 以及胚胎发育过程的随机干扰而定,所以每个人都具有独一无二的虹膜纹理,即使是同一个人的左右眼或者是同卵双胞胎,其虹膜纹理也有显著差异。虹膜的唯一性为高精度的身份识别奠定了基础。英国国家物理实验室的测试结果表明:虹膜识别是各种生物特征识别方法中错误率最低的。

(2)稳定性强。虹膜从婴儿胚胎期的第 3 个月起开始发育,到第 8 个月虹膜的主要纹理结构已经成型。除非经历危及眼睛的外科手术,此后几乎终生不变。由于角膜的保护作用,发育完全的虹膜不易受到外界的伤害

(3)非接触。虹膜是一个外部可见的内部器官,不必紧贴采集装置就能获取合格的虹膜图像,识别方式相对于指纹、手形等需要接触感知的生物特征更加干净卫生,不会污损成像装置,影响其他人的识别。

(4)防伪性好。具有清晰虹膜纹理的图像获取需要专用的虹膜图像采集装置和用户的配合,所以在一般情况下很难盗取他人的虹膜图像。此外,眼睛具有很多光学和生理特性可用于活体虹膜检测。

(5)可接受程度较好。虹膜识别以其认证准确度高、速度快、安全性高,被用户所接受。在识别过程中,用户不会有任何不舒服和不安的感觉,只需要在设备前停留片刻,无须为排长队等候而感到厌烦。

1.4.2 虹膜识别的研究背景

早在 1953 年,F. Adler 就在临床教科书中提及虹膜可以作为身份识别手段。20 世纪 80 年代后期,两个美国科学家 L. Flom 和 A. Safir 提出虹膜可以作为身份识别的标识符,并尝试证明 F. Adler 的猜想。针对虹膜识别,虽然早期就已经提出了原型系统,但是直到 20 世纪 90 年代初,英国剑桥大学的 John Daugman 教授将虹膜识别技术以及基于计算机视觉的算法用于虹膜图像处理、特征提取和匹配中,并实现了一个能够正常工作的自动化虹膜识别系统。目前,在 Daugman 的虹膜识别系统的基础上,研究者们已经开发了许多其他系统。最著名的就包括 Wildes、Boles、Boashash 和 Lim 等,以及 Noh 等开发的虹膜识别系统。此外,Lim 等的算法用于由 Evermedia 和 Senex 公司开发的虹膜识别系统;Noh 等的算法用于由 IriTech 出售的"IRIS2000"系统中。

影响力较大的 Daugman 系统、Wildes 系统、Boles 系统和中科院虹

膜系统介绍如下。

1.4.2.1 Daugman 系统

目前,国际上很多虹膜识别产品都使用了英国剑桥大学的 Daugman 博士提出的虹膜识别算法。算法中利用积分微分算子(integro - differential operator)检测虹膜的内外圆边界:

$$\max_{(r,x_0,y_0)} \left| G_\sigma(r) * \frac{\partial}{\partial r} \oint_{r,x_0,y_0} \frac{I(x,y)}{2\pi r} ds \right| \tag{1-1}$$

式中,$I(x,y)$ 代表虹膜图像在 (x,y) 处的灰度值;$*$ 表示卷积;G_σ 是标准差为 σ 的高斯算子,起平滑滤波的作用;(r,x_0,y_0) 是虹膜外边缘的参数(半径及圆心)。算子在以圆心 (x,y),半径为 r 的圆周 ds 上,对像素灰度值做积分并把它归一化,再求差分的极大值,从而得到圆的参数。

然后,将虹膜区域视为各向同性的弹性体进行归一化,这就是 "Rubber - Sheet" 模型,其结果是将环形的虹膜纹理区域均匀拉伸到统一大小的矩形区域中。

另外,Daugman 设计了二维 Gabor 滤波器对虹膜纹理进行特征提取,滤波器表示如下:

$$h_{\{Re,Im\}} = sgn_{\{Re,Im\}} \iint_\rho \int_\varphi I(\rho,\varphi) e^{-i\omega(\theta_0-\varphi)} \cdot e^{-(r_0-\rho)^2/\alpha^2} e^{-(\theta_0-\varphi)^2/\beta^2} \rho d\rho d\varphi$$

$$\tag{1-2}$$

滤波后提取相位信息,并将所得到的相位信息量化为二值的虹膜编码,共计 2 048 bit。利用两幅虹膜图像所得到的二值编码间的归一化海明距离作为相似形度量对虹膜进行比对识别。

另外,此系统也采用了一种比较简单、直观的方法解决了虹膜纹理的旋转性问题。原虹膜纹理的旋转对应着归一化后的左右平移,所以 Daugman 采用将虹膜编码左右平移较少的位数后分别比对,找出其中最小的海明距离作为两个虹膜之间的相似性度量。

1.4.2.2 Wildes 系统

Wildes 系统与 Daugman 系统进行对比,采用了不同的识别过程。先利用扩展的 Hough 变换进行虹膜内外圆的检测。在克服虹膜的平移、缩放和旋转问题上,采用了图像配准的方法,而没有将其归一化到统一的矩形区域内。

Wildes 认为仅采用 2 048 bit 的编码来表示虹膜的纹理特征可能包含的信息量过少,所以其系统中的数据量较大。他提出利用各向同向的高斯－拉普拉斯滤波器:

$$-\frac{1}{\pi\sigma^4}(1-\frac{\rho^2}{2\sigma^2})e-\rho^2/2\sigma^2 \tag{1-3}$$

在不同分辨率下对图像进行滤波之后,逐次进行 1/2 采样,得到不同尺度的数据构成 4 层金字塔结构,利用这些数据作为虹膜识别的特征,最后使用 Fisher 分类器进行分类。

1.4.2.3 Boles 系统

Boles 利用小波变换的过零点和两个连续过零点之间的小波变换的积分平均值来表示虹膜特征。在对虹膜纹理图像编码前,先沿着以虹膜中心为圆心的同心圆对虹膜图像采样,把二维的虹膜图像变为一维的信号,然后利用特定的小波函数对它进行变换。这里"特定的"小波函数定义为某一光滑函数的两阶导数,即为:

$$\psi(x)=\frac{\mathrm{d}^2\theta(x)}{\mathrm{d}x^2} \tag{1-4}$$

其中 $\theta(x)$ 为某一光滑函数。根据小波变换的定义:

$$W_s f(x)=s^2\frac{\mathrm{d}^2}{\mathrm{d}x^2}(f*\theta_s) \tag{1-5}$$

$f(x)$ 的小波变换 $W_s f(x)$ 正比于经过函数 $\theta_s=(1/s)\theta(x/s)$ 光滑化的 $f(x)$ 的二阶导数。小波变换的零交叉对应于 $f*\theta_s(x)$ 的变形点,即函数曲线剧烈变化的部分。在虹膜识别的应用中,$f(x)$ 表示虹膜图像样本,则二元点序列 $(z_n,e_n)n\in z$ 可以作为虹膜特征的编码。随后,通过其自定义的相异度函数完成分类。该算法能够抵抗光照变化,但只在很小规模的数据库上进行过测试。

1.4.2.4 中国科学院虹膜系统

中国科学院的马力、谭铁牛等在他们的系统中不但提出了利用傅里叶变换来对虹膜图像进行质量评估,并且在 Daugman 利用 Gabor 滤

波器进行特征提取的基础上,将 Gabor 滤波器的调制函数进行改进,使其具有圆对称的特性,表达式如下:

$$G(x,y,f) = \frac{1}{2\pi\delta_x\delta_y}\exp\left[-\frac{1}{2}\left(\frac{x^2}{\delta_x^2} + \frac{y^2}{\delta_y^2}\right)\right]M(x,y,f) \quad (1\text{-}6)$$

$$M(x,y,f) = \cos\left[2\pi f(\sqrt{x^2 + y^2})\right] \quad (1\text{-}7)$$

然后将滤波后的图像分块,提取每块的均值和方差形成虹膜的特征向量。最后利用 Fisher 线形判据降低特征向量的维数,根据最近邻分类器进行特征匹配。与其他两种经典方法 Daugman 和 Boles 的方法相比,此方法也能取得较好的识别效果。

随着虹膜识别算法研究的发展,广大研究者对用于测试算法性能的虹膜图像库的需求也越来越高。在此领域上应用最广泛的虹膜图像库是中国科学院自动化研究所公开的 CASIA 虹膜图像库。另外,还有样本质量较复杂的 Ubiris 数据库,只包括清晰虹膜纹理的 UPOL 虹膜图像库,其他的还有 MMU 虹膜图像库、Bath 虹膜图像库、ICE 虹膜图像库以及 WVU 虹膜图像库等,各个图像库都有各自的特点。

CASIA1.0 虹膜图像数据库:来自于中国科学院自动化研究所发布的眼睛图像数据库,该数据库中包含了来自 108 个受试者的 756 个灰度眼睛图像。这些虹膜图像主要用于由中国模式识别国家实验室开发的专用数字光学的虹膜识别研究。这些虹膜图像主要来自亚洲人,其眼睛的特征在于瞳孔密集着色,并且具有黑色的睫毛。采集过程中使用近红外光(near infrared)的专门成像条件,并且此数据库中的虹膜图像很好地处理了来自 NIR 照射器的镜面反射,虹膜区域中的特征是高度可见的,且在瞳孔、虹膜和巩膜区域之间存在良好的对比度。

CASIA - Iris - Thousand 虹膜图像数据库简称 CASIAT,是中国科学院自动化研究所发布的 CASIA - IrisV4.0 版本中的一个子数据库。CASIAT 包含来自 1 000 个受试者的 20 000 个虹膜图像,每个受试者分左右眼进行采集,每个眼睛使用由 IrisKing 生产的 IKEMB - 100 照相机采集 10 幅图像。IKEMB - 100 是一个双眼虹膜相机,具有良好的视觉反馈,实现"你看到的是什么"的效果。正面 LCD 中显示的边界框可帮助用户调整其姿势以获得高质量的虹膜图像。该数据库虹膜的类内差异主要来源是眼镜和镜面反射。由于 CASIAT 是第一个具有 1 000 个受试者的公开可用的虹膜数据库,因此它非常适合于研究虹膜特征的唯一性,并且开发新的虹膜分类和索引方法。

Lions Institute UPOL 虹膜图像数据库简称 UPOL:该数据库包含了来自 64 个受试者的 128 只眼睛中的 384 个 24 位 RGB 彩色虹膜图像,其中每只眼睛采集 3 张虹膜图像。此数据库使用验光框架捕获虹膜图像,使得采集到的虹膜图像基本上只包含虹膜部分,几乎不存在眼睑及眼睫毛的遮挡,并且在虹膜区域中具有清晰的薄而均匀辐射状纹理。

图 1-20 给出了这三种数据库的虹膜图像示例,这些公共虹膜数据库具有不同的图像分辨率和噪声特性。

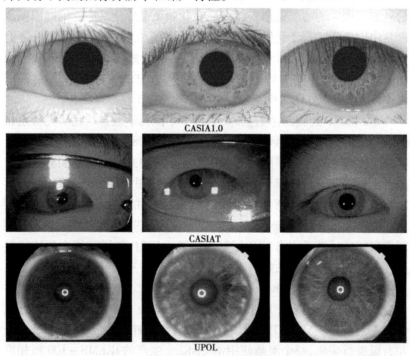

图 1-20 虹膜数据库实例图像

1.4.3 虹膜识别技术原理

虹膜识别是一个典型的计算机视觉和模式识别的问题,通过对采集到的虹膜图像进行分析、处理、编码和比对来实现身份的认证和识别。虹膜识别系统通常包括身份注册和身份识别两个阶段。身份注册指的是将用户的虹膜特征模板新增到模板数据库中,身份识别指的是将用户的个体模板与数据库中已注册的模板进行对比,从而进行身份的鉴别。虹膜识别的主要步骤如图 1-21 所示。图中虚线部分指的是可选步骤。

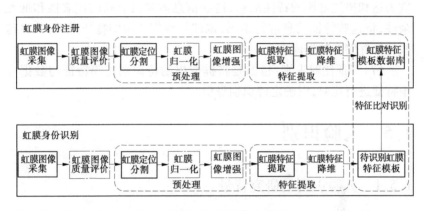

图 1-21　虹膜识别系统工作原理

各个步骤的功能概括如下:

(1)虹膜图像采集:其主要功能是通过虹膜图像采集设备,以友好的人机接口、非接触的方式采集虹膜图像。

(2)虹膜图像质量评价:虹膜图像质量的好坏将在一定程度上影响识别系统的性能。为了选择满足一定质量要求的虹膜图像作为识别系统的输入,就要求对采集后的虹膜图像进行质量评价。主要的评价标准包括:图像是否存在散焦、运动模糊、光照模糊、眼睑睫毛遮挡、瞳孔过度形变等情况。删除质量差的虹膜图像,只保留质量好的图像。

(3)虹膜定位分割:采集后的图像包括眼睑、睫毛、虹膜和瞳孔等区域,因此需要用一定的算法对虹膜区域进行定位分割,后续的操作将在定位后的虹膜区域进行。

（4）虹膜归一化：由于瞳孔会随着外界光照强度的变化而发生扩展和收缩，导致虹膜的环形区域也会发生相应的形变，同时也可能由于被采集者在采集的过程中，图像发生了旋转。虹膜的这种形变和旋转可能会对识别结果产生一定的影响，虹膜的归一化操作就是为了消除这种影响。

（5）虹膜图像增强：主要是为了消除图像采集是外界光照不均匀的影响。

（6）虹膜特征提取：指通过某种算法从虹膜图像中提取出能够有效表达和描述虹膜的特性信息，这些信息需要具有高的代表性和低冗余性，将这些特征信息进行编码，也即是我们所说的特征模板，并将这些特征存储在数据库中。

（7）特征比对识别：指的是将提取出的待识别虹膜特征与数据库中特征进行比对，以确定待识别身份。

1.5 人脸识别

1.5.1 人脸识别的研究背景

人脸识别相对于其他生物特征识别技术，比如指纹、虹膜、掌纹等，具有四大优势。第一，具有非接触性，不需要用户与设备直接接触，可以远距离进行识别和认证；第二，隐蔽性强，不需要用户刻意配合，只要使用摄像头采集到人脸就可以，该优点决定了该技术适用于安防监控乃至于公安刑侦领域；第三，可交互性强，使用人脸对身份进行鉴别符合人的直觉易于接收；第四，数据采集成本低，已有的图像数据量十分巨大便于研究。人脸识别技术利用摄像头采集人脸图像信息，而指纹识别需要利用电子压力传感器采集指纹，因而在采集设备方面，人脸识别技术的采集设备简单易得且成本低廉。近几年随着模式识别、机器学习和人工智能等相关技术的发展使得人脸识别技术在实际应用中实现变得可能，同时由于人脸识别技术的上述诸多优点使得它在许多领域得到了推广。例如,2008 年的北京奥运会上中国科学院的人脸识别系统为奥运会期间的安保工作保驾护航。我国的已经广泛应用的第二代数字身份证的芯片保存有每个人的人脸数据,可以轻松地收集到大量的数据用于人脸识别。

目前的人脸识别系统主要包含两个子类:一类是人脸鉴别(face verification),另一类是人脸认证(face identification)。前者是一对一的识别,需要判断待识别人与系统中登记的用户是否为同一个人;后者是一对多的识别,判断待识别用户是不是系统的授权用户。人脸识别技术在实际生活中的应用主要包括以下几个领域:

(1)考勤系统。越来越多的企业开始使用人脸考勤机对员工进行考勤。相对于之前广泛使用的指纹考勤机,人脸不容易伪造不涉及私密信息,系统部署更加方便。

(2)门禁和安检系统。利用人脸识别身份认证控制门的开启和关闭,可以安装在小区住宅大门、保密室、看守所等需要安全保密的场所。

(3)社保和金融应用。通过使用人脸识别技术防止信用卡被非法者使用以及社保支付被冒领等。使用人脸识别进行活体检验和身份识别。

(4)公共安全系统。利用人脸识别技术隐蔽性强的优势,在银行、机场、商场等人员聚集的公共场所对人群进行监控,用于犯罪调查和安全检查。

(5)相机和手机等休闲娱乐设备。在新型数码相机上搭载人脸识别功能进行自动拍照对焦,利用人脸识别对手机屏幕进行解锁。

从应用的范围来看,人脸鉴别系统可以应用在身份证件的真伪鉴别。而人脸认证系统可以应用在公安刑侦等涉及公共安全的场合。

人脸识别技术的研究最早开始于 20 世纪 60 年代,到了 20 世纪 90 年代已经成为了科研热点,至今已有大量的产品和设备具有人脸识别功能。人脸识别技术主要包含模式识别、计算机视觉和人工智能这三个主要的研究方向。人脸识别技术的身份认证主要任务是研究如何使机器能够更迅速、更准确地根据用户的人脸图像信息来判别用户的身份。人脸识别技术包含的研究内容极其广泛,属于多学科交叉领域。

它与图像处理、模式识别、计算机视觉、心理学以及神经网络等 10 多门学科联系紧密,同时其原理与人脑工作机制和认知科学息息相关。因此,在研究人脸识别技术的同时可以促进与其相关学科技术的发展,其他学科的突破可以大大促进人脸识别技术的进步。不同于机器,人们可以快速高效地通过人脸面部图像来鉴别人的身份并理解人的情绪,但是对于机器来说却十分困难。由于在成像过程中存在着各种因素的影响从而导致同一个人的人脸面部图像随着环境的变化而发生较大的变化,因此如何建立一个稳定的自动人脸识别系统具有重要的研究意义。尽管目前商用的一些人脸识别系统其性能都宣称达到了良好的识别效果,但是在用户不主动配合以及成像条件受限的情况下,比如户外光照条件恶劣时,其识别性能会急剧下降,目前关于人脸识别研究并没有达到完美的境地,还存在许多尚未解决的难题,仍然有非常大的研究空间。

回顾人脸识别技术的发展历程,按照时间顺序可以将其划分为 4 个发展阶段:第一阶段是 20 世纪 60 年代生物特征识别技术处于萌芽时期,研究人员在 1965 年设计了人脸识别系统,从而开启了以人脸识别为代表的生物特征识别技术的新时代[1,2];第二阶段是在 1991 年美国麻省理工大学的研究人员提出了特征脸人脸识别的理论和方法,这标志着人脸识别技术作为一个新兴学科正式起步[3];第三阶段是在 2001 年美国"9·11 事件"发生后,世界各国意识到人脸识别的重要意义,开始投入大量的资金和人员进行研发,这带动了人脸识别技术的进一步发展;第四阶段是自 2008 年的北京奥运会后,人脸识别技术开始应用于大型场馆的安全监控,这标志着人脸识别技术开始进入了大规模的应用实践阶段。我国在"十一五"和"十二五"的科技发展规划中将人脸识别技术的研究和发展列入其中。与此同时,国内一些科研机构和院校开始在人脸识别技术方面做了大量具有创新性的工作,如中国科学院自动化研究所、清华大学、中国科学院计算机所、香港中文大学多媒体实验室自主研发的人脸识别技术已经进入了世界先进水平行列。

在第一阶段主要研究的是人脸识别所需要的面部特征。研究人员采用人脸的几何特征结构来表示人脸,比如人的眼睛、嘴巴、鼻子等。利用这些面部五官特征,从它们之中选出稳定的配置特征点,这些稳定的特征点以距离、角度或者形状来反映。这一特征表示方法由于特征数量较少并且特征鲁棒性差的缘故,从而导致整个人脸识别系统的性能不够理想。

在第二阶段主要采用代数特征的方法来表达人脸。其中最具代表性的是基于子空间的人脸表示方法,包括 PCA(Pricipal Component Analysis,PCA)算法、LDA(Linear Discriminant Analysis,LDA)算法[4] 和 ICA(Independent Component Analysis,ICA)算法[5]。该方法的优点是在用户配合的情况下,识别性能较为理想。

在第三阶段主要采用局部特征来表示人脸。根据人脸不同区域对识别的重要性不同,从而相对于第三阶段的全局方法,局部特征能够提供更加精细的特征表示。该阶段所用的算法在用户不配合情况下也能达到较为理想的识别效果,其中最具代表性和革命性的是芬兰的 Ahonen 等提出的 LBP(Local Binary Pattern,LBP)算法[6,7]。

人脸识别技术在第四阶段的贡献在于结合了机器学习的相关理论知识。到目前为止,人脸识别技术在商用系统中已经能较为满意地为用户提供服务,可是在视频监控和用户所处的光照环境极其恶劣的情况下,前几个阶段的技术并不能较好地满足用户需求。这一阶段的研究重点是将机器学习结合到人脸特征分类中,人工神经网络、支持向量机 SVM、Adaboost 和现在最为火热的深度学习(deep learning),都给人脸识别带来了革命性的创举。尤其是近期出现被广大研究人员所重视的深度学习,由于其在公共人脸测试库(LFW)上达到了前所未有的识别性能,从而被各大科研机构、院校和企业作为下一步人脸识别技术的研究重点。深度学习试图模仿人脑如何利用神经网络来感知世界,它的成果很大程度上受益于近年来出现的人工神经网络和基于 GPU 的并行计算的发展。

国内专门研究人脸识别技术的机构有中国科学院的生物识别与安全技术中心、清华大学的图像识别联合研究中心和中国科学院的智能信息处理重点实验室等,其中还有国内一些例如汉王、创合和海鑫等一些专门生产人脸识别技术产品的企业。在国际上涉及人脸识别技术研究的知名研究机构有耶鲁大学的计算机视觉中心、麻省理工大学的人工智能实验室、卡内基梅隆大学的机器人研究所和微软研究所等。国际上每年都有相关的组织专门举办探讨有关人脸识别技术的会议,例如 CVPR、ICCV、ECCV 和 CCPR 等。此外,还有一些生物特征识别会议也有关于人脸识别的技术讨论,如 AFGR、AVBPA 和 ICBA 等。

1.5.2　人脸识别技术原理

人脸识别系统主要包括人脸采集与人脸检测、人脸预处理、人脸特征提取和人脸匹配三个过程,人脸识别整体流程如图 1-22 所示。

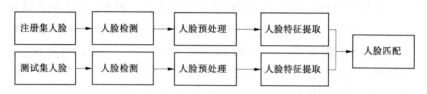

图 1-22　人脸识别整体流程

首先将人脸图片分成注册集、测试集和训练集三个集合。其中,注册集表示所有已知身份的图像的集合;测试集表示待识别的图像集合;训练集表示一个身份已知的图像集合,在这个集合上进行算法参数的调整。从图 1-22 的人脸识别整体流程可知,整个系统的处理过程为:首先分别对注册集图像通过人脸检测算法检测出人脸;其次通过人脸预处理算法对检测到的人脸进行处理,该步骤包括图像对齐与图像增强,并裁剪到规定尺寸,接着采用人脸特征提取算法提取每一幅人脸的特征;最后得到的特征就是整幅人脸的特征描述,所有的注册集图像都按照这个流程处理后得到的特征描述合并为一个人脸特征库。当一幅测试人脸需要比对或者识别时,采取与注册集人脸相同的步骤进行处理,得到相应的人脸特征数据与注册集人脸特征进行匹配。人脸匹配实际上就是采用恰当的距离判别方法进行测试人脸和注册人脸的相似度的计算,最后输出识别结果。依照人脸识别框图,人脸识别技术包括以下四个方面。

1.5.2.1　人脸检测

人脸检测分为静态人脸检测和动态人脸检测。静态人脸检测的目的是从一幅静止的图片中检测出人脸是否存在,如果存在就定位人脸所在的区域位置,该项技术类似于图像感兴趣区域提取;动态人脸检测的目的是从视频流中的一帧一帧图片中检测人脸,该项技术可用于人脸视频监控系统和人脸追踪。人脸检测在近几年也是研究的重点,特别是视频中的人脸检测问题。在某些情况下动态人脸检测技术可以视为静态人脸识别技术的扩展。按照研究的时间顺序,人脸检测算法可分为模板匹配算法、肤色算法、SVM 算法、Adaboost 算法。其中,模板匹配算法不需要经过训练,但是其精度比较差,检测速度慢;肤色算法是通过统计学习的方法,估计出人脸肤色在颜色空间中的概率模型,然后将通过训练出的概率模型来估计判断某个点是不是人脸区域;SVM 算法是基于机器学习的方法,它将人脸像素输入分类器,利用训练好的分类器来判断人脸区域,但是该方法需要对多个尺度的图像进行检测,因此检测速度比较慢。目前,最为经典的人脸检测算法是 Viola 在 2001年提出的融合 Adaboost 算法和角点特征的算法[8],该算法在静态人脸检测系统测试库中能达到 90% 以上的检测率,该算法的特点是训练较慢,但是检测速度较快。Adaboost 通过级联若干个弱分类器组成一个强分类器,然后利用训练好的最终强分类器来检测人脸位置,从而大大地降低了误检率。

1.5.2.2　人脸预处理

人脸预处理主要是将人脸对齐和尺度归一化[9-11]。人脸对齐在整个人脸识别中同样起着关键性的作用,因为如果检测到的人脸区域没有经过人脸对齐,那么这种旋转、平移和尺寸大小不一的变化必然会影响到后续的人脸特征提取,因此近几年也有大量的相关文献研究人脸对齐算法。人脸对齐的方法主要分为两大类:一类是基于知识特征的对齐,另一类是基于统计学习特征的对齐。基于知识特征的对齐方法使用人脸若干个面部特征点的位置变换使得人脸对齐,该方法对于姿态和表情的变化比较敏感,不具有鲁棒性,会影响到后续的人脸特征提取和识别。基于统计学习特征的对齐方法使用统计学习算法构建人脸模型后再对齐人脸,常用的该类算法是主动形状模型 ASM 和主动表观模式 AAM 算法[12],该类算法分为模板训练阶段和模板匹配阶段。模板训练阶段通过事先标定好的训练数据进行分析,最终得到人脸的轮廓形状模型,算法的关键是模型参数的定义值,通常可以用回归或者最优目标函数训练得到模型参数值。模板匹配阶段是将图像用前面的模型参数来表示。一般来说利用人脸检测后得到的人脸关键点的位置来实现人脸预处理对齐算法,具体来说是通过人脸的眼睛坐标,然后通过双眼之间的距离大小使得人脸根据双眼位置而对齐,最终将对齐的人脸裁剪到规定尺寸大小。该方法在正面静态人脸识别中具有良好的性能。

1.5.2.3 人脸特征表示

人脸特征表示的目的是将人脸原始的高维特征数据用低维特征数据进行描述,也就是人脸描述,提取出的低维特征数据能够有效地区分不同人脸。这个步骤是整个人脸识别的关键,因为无论之前的检测和预处理算法多么完美,如果没有较好的算法来描述人脸的高维特征信息,那么整个人脸识别系统的目的就无法达到。因此,在这个环节上,研究人员和研究成果相对较多,近几年也一直在进行相关算法研究的突破。通常,人脸特征表示算法大致可以分为两大类:一类是基于全局特征表示算法,另一类是基于局部特征表示算法。全局特征表示是指其特征向量是从一整幅人脸图像上提取得到的,通常反映了整体面部信息。与之相对的局部特征表示是指其特征向量是基于一幅人脸图像中部分像素或部分区域提取得到的,通常局部特征更加注重各个局部细节。当局部特征的选取范围扩大到整幅图像,局部特征方法和全局特征方法就可以视为全局表示了。从早期的基于几何特征方法,到近代的基于子空间分析方法、流型表示[13]、稀疏表示[14]等都属于基于全局特征表示算法。

目前,关于人脸特征表示算法的研究通常是将局部特征和全局特征相结合,这种结合方式的算法不仅提取到了人脸的局部信息,而且关注了整个人脸的全局结构,因此大多数改进算法都是采取这种方式来提高人脸的特征表达能力。

1.5.2.4　人脸特征匹配

一张人脸经过上述几个步骤后,得到了一个较强的特征表达数据,如何通过判别方法来比较这些数据之间的相似度并区分图像的类别是人脸判别研究的重点,该环节也是人脸识别系统的最终环节。这个环节可以视为模式识别问题,即把输入的不同人脸归为同一个人的一类,按照某种判决规则将被识别的对象进行分类,最终分类的错误率最小或者引起的损失最小。

人脸特征匹配包含两个方面:人脸相似度的计算和人脸分类器的设计。现有的研究无一不是针对所提取到的人脸特征计算相似度再使用分类器对人脸进行分类。按照侧重方向的不同,人脸匹配算法分为基于距离度量学习方法和基于统计学习分类器构建方法。基于距离度量的判别方法是通过比较相似度的大小而选取识别,常见的分类器方法有最近邻分类器、最小距离分类器和 K 近邻分类器;常见的基于统计学习的判别方法是通过统计学习的方法进行特征选择,常见的方法有支持向量机(SVM)[15]、稀疏分类器、贝叶斯分类器[16]和 Adaboost 分类器等。

1.5.3　人脸识别主流算法简介

人脸识别算法类型众多,其中应用最广的是基于子空间分析方法,该方法通过线性或者非线性变换将人脸高维数据转换到一个维数较低的子空间中,使得高维空间中分布散乱的人脸图像可以使用低维子空间中的基向量来近似表示,同时低维特征在子空间分布得更加紧凑。该类方法对人脸进行了分类识别的同时也降低了人脸图像的维数,被称为特征降维方法,主要包括以下几种算法。

1.5.3.1　主成分分析(Principal Component Analysis,PCA)

PCA 算法又叫特征脸(eigenface)算法,由 Turk 等提出的,利用 K—L 正交变换将人脸高维数据压缩投影到低维空间,实际上这个过程是求解原始图像特征在均方误差最小的前提下的最优投影方向。同时由于 PCA 的输入数据是不带标签的,因此 PCA 属于无监督学习方法,之所以叫作学习方法,是因为这类算法要经过训练数据得到低维空间,训练过程即学习过程。PCA 将整幅图像像素数据通过 K—L 正交变换获取正交基,去除冗余部分,保留主分量信息,从而使得人脸高维数据大大降低。在压缩过程中,通过均方误差最小目标函数获取最优的主分量信息,从而使得投影到低维空间后的数据具有较高的可分性。另外,PCA 压缩数据的过程必然会损失一部分信息,考虑到图像数据的维数一般都很高(例如 100×100 的图像维数是 $10\ 000 \times 1$ 的特征向量),如果训练集的样本数量过少,PCA 训练得到的投影矩阵不能真实地反映样本的分布情况。于是很多研究者提出了相应的改进算法,例如二维主成分分析[17]、张量主成分分析[18]。PCA 方法没有用到标签信息,其人脸分类效果不是十分理想,一般都是作为高维数据降维的一种手段使用。

1.5.3.2　线性判别分析(Linear Discriminant Analysis,LDA)

LDA 是另一种具有代表性的全局特征表示算法。不同于 PCA,LDA 的原理是将输入的带有标签的数据通过投影的方法,投影到低维空间,并且使得投影后的数据能够根据标签按照类别来区分,投影后的数据能够使得相同类别的数据分布更加紧凑,不同类别的数据分离得更开。LDA 实际上是通过求解一个最优化函数,该函数定义了类间散布矩阵和类内散布矩阵,LDA 同时满足类间散布最大与类内散布最小的投影方向。LDA 投影是线性投影,如果输入的带标签数据有 K 个类别,那么 LDA 投影时就需要 K 个线性函数,最终得到的子空间最大维数就是 $K-1$ 维。LDA 作为一种监督学习方法,它也可以作为一种线性分类器。目前,基于 LDA 算法的 Fisherfaces 方法就是人脸识别领域的经典算法。围绕 LDA 算法的改进算法也很多,如正则化 LDA 算法[19]、零空间 LDA 算法[20]、二维线性判别算法(2DLDA)[21]等,这些算法都取得了较原始 LDA 算法更高的识别正确率。

1.5.3.3　基于核技术的子空间分析

基于核技术的子空间算法相对于 PCA、LDA 的线性子空间算法,它属于一种非线性变换算法。核技术的原理是利用一种非线性映射将原始空间的数据映射到高维隐性特征空间中,然后在高维隐性特征空间中对数据进行分析。PCA、LDA 假设人脸特征是线性可分的,只进行简单的线性变换就可以对人脸图像进行分类,这显然不符合人脸特征的实际情况,这一点在 LDA 和 PCA 的一系列算法中人脸识别都得到了体现。因此,通过核技术的应用,改进了 PCA 和 LDA,从而得到了相应的核主元分析(KPCA)[22]和核判别分析(KLDA)[23]。核主元分析将原始特征通过满足 mercer 条件的核函数投影到隐性空间后再做 PCA 分析,同理核判别分析也是结合了核函数投影和线性判别分析来提取非线性的子空间特征学习算法。相比于 PCA 和 LDA 算法,基于核技术的子空间方法能够描述原始人脸数据的非线性关系,提取到的特征分类能力也更强,不足之处在于计算复杂度高,需要耗费大量的时间。

局部特征算法是相对精细的人脸描述方法,它利用的是局部间像素与像素之间的关系或者局部图像块关系来获取某种变化信息。图像局部特征对于外界的干扰更加稳定,特征的判别能力较图像灰度特征更强。局部特征提取算法包括三大类:集合结构特征、局部统计分析表示、局部纹理表示。以下介绍其中几种具有代表性的算法。

1)局部二值模式算法(Local Binary Pattern,LBP)

LBP 是由 Ahonen[7]等提出的一种能有效描述人脸纹理的局部纹理表示算子,通过比较中心像素和邻域像素的大小关系从而得到人脸图像的角点和边缘等局部变化特征,根据这些局部变化特征区分人脸。试验分析证明 LBP 对光照一定的不变性,同时对于图像旋转也有不变性,因此 LBP 对人脸特征描述的贡献非常之大,目前许多商用的识别系统采用的就是 LBP 提取人脸特征表示算法。

2)局部量化模式算法(Local Quantizatin Pattern,LQP)

LQP 是由 ul Hussain S[24]等在 2012 年提出的针对 LBP 提取的二值向量进行快速编码的人脸识别算法。LQP 是通过在训练集图像上离线学习一个二值向量的码本来对大邻域数据下的 LBP 模式进行编码。试验证明对 LQP 算子具有较好的描述能力。

3)基于三维模型的图像识别方法

基于三维模型的方法使用了局部特征和全局特征表示的结合,既考虑了人脸的整体特征,又考虑了局部细节对于区分人脸的重要作用。最早的基于模型的方法是弹性形状模型(ASM),到后来的主动形状模型(AAM)和三维刚体模型(3DMM)[25]。模型的方法建立在图像虚拟合成的基础之上,将原始的高维的图像特征通过建立的模型,使用几个模型参数就可以表示高维的图像。主要的缺陷在于建模的过程比较复杂,对图像进行拟合的过程比较耗时。基于三维模型的出现主要是因为摄像机的照片实际上是从人体的三维图像到二维空间的一个映射,而三维空间到二维空间的投影是一个不可逆的过程。基于三维模型的图像识别方法就是找到一个尽量能够还原原始图像的映射关系。

4)基于稀疏表示的算法

基于稀疏表示(Sparse Representation,SR)的人脸识别算法本质上是一种分类器设计方法[26]。稀疏分类器首先将训练集图像进行稀疏编码得到稀疏矩阵,然后对待测试图像使用最小重建误差准则函数来进行稀疏表示。稀疏表示处理的特征具有较低的维数以及更强的判别能力。

5)深度学习方法

深度学习是从过去的人工神经网络的研究基础上逐渐发展而来的。人工神经网络方法的灵感来自于人脑的神经元处理机制,模拟人脑通过神经元之间简单的交叉连接完成复杂的任务。人工神经网络的缺点在于训练过程过于复杂,训练时间太长,训练模型过于简单,无法对复杂函数进行建模。于是在此基础上延伸发展出了深度学习的方法。深度网络增加了人工神经网络中的隐藏层的数目,主要的深度模型有卷积神经网络、深度置信网络、卷积置信网络等。目前,在人脸识别领域已经有了成功的应用,香港中文大学的 Y. Sun 提出的 DeepID深度模型实现了逼近人类识别率的识别结果[27]。

1.5.4　人脸识别面临的技术难点

在实际应用中,由于人脸识别系统存在着各种人为变化和非人为变化,因此系统并不能像人的眼睛那样快速准确地通过照片判断人的身份。虽然人脸识别研究已经有了几十年的发展,并且许多算法都能较好地解决简单背景正面的人脸识别问题,但是对于现实复杂情形下的识别状况,许多算法的性能会急剧下降。因此,对于人脸识别系统的现实应用,目前还存在着许多难点,主要表现在以下几个方面。

1.5.4.1 饰品遮挡问题

在识别对象不配合人脸采集的情况下,遮挡是一个非常严重的问题,比如视频人脸监控中,通常由于隐蔽性的关系,被识别对象会使用眼镜、帽子和口罩等物体遮挡人脸,或者由于部分图像区域有缺损的人脸进行识别。对于这类由于遮挡而无法检测到完整人脸图像的识别问题是难点之一。即便是在用户配合的情况下,如果被识别用户存在伤疤和刘海时对识别也会有影响,如何减少遮挡给识别结果带来的影响也是研究的难点。

1.5.4.2 多姿态问题

目前,多数人脸识别系统的研究都要求人脸必须正对采集设备,也就是说,人脸照片必须是正面图像,对于倾斜角度大的人脸和旋转角度大的人脸图像,许多人脸检测算法性能急剧下降。从而造成最终的识别率下降。如何解决因头部姿态的变化所带来的识别困难问题是人脸识别技术的难点之一。姿态引起的人脸图像差异的根源在于二维人脸图像是真实三维图像的一个投影,并且这个投影是不可逆的。基于此,许多研究者提出了基于人脸三维模型的识别算法。

1.5.4.3 光照问题

光照问题一直是人脸识别技术要努力解决的问题,人脸不均匀光照等极端光照条件下的人脸识别准确率十分低下,研究者最初对于光照问题建立光照不变锥模型,现在提出了提取人脸光照不变性特征的观点,从这些研究重点来看,如果要解决光照问题,就得从人脸识别系统的各个环节中共同努力,因此对于光照问题的研究一直以来都没能很好地得到解决。目前的商用人脸系统采用红外光采集设备代替可见光采集设备来降低光照的影响,尽管能解决大部分识别问题,但是由于设备本身的使用环境限制,无法在户外光照条件下使用,如何在户外运用该系统,归根结底还是得回归到解决人脸识别的光照问题上来。

1.5.4.4 年龄变化问题

随着年龄的变化,人脸的外观也会随之变化,这种变化具有必然性和不可逆性,这个过程十分复杂,同时受到外界环境和自身基因的影响。特别是处于成长期的青少年与处于衰老期的老年人,这种变化更为明显。在人脸识别方面,人脸年龄变化的主要研究方向是人脸验证,即给定一对不同年龄段人脸,能否判别出这一对人脸是否属于同一个人。人脸识别和确认算法主要通过提取人脸老化过程中比较稳定的特征进行人脸识别验证的。

1.5.4.5 不同模态图像识别问题

不同的采集设备得到的不同分辨率和不同类型的人脸图像是不同模态的图像。近红外光下的图像与可见光下的图像的识别、超低分辨率的图像与正常的图像如何进行识别,都是现阶段尚未解决的问题。

1.5.4.6 大数据库下的人脸识别

随着人脸数据库规模的增大,传统的人脸识别方法大都是针对较小的数据库进行识别的,即使是某些统计学习识别算法也会因为数据量大而难以正常工作。大数据库导致前面提及的光照、姿态、遮挡问题都集中到了一起,从而导致算法性能急剧下降,因此研究一种人脸识别技术,维持在大规模人脸数据库上的识别性能,这同样也是需要面对的难点。

第2章　人脸图像的预处理

实际应用中采集到人脸图像存在诸多问题,图像格式、尺寸、噪声污染、背景干扰等因素会大大降低识别率,因此在进行人脸识别前必须完成必要的人脸图像预处理工作。人脸图像的预处理包括图像格式转换、图像归一化、滤波去噪、边缘检测、人脸检测等环节。下面将详细介绍基本原理和实施过程。

2.1　图像格式转换

图像格式指的是存放在存储空间的图像信息所具有的文件类型。一般情况下由于计算机系统和图像分析软件的差别会导致存储的人脸图像格式不尽相同。在实际应用中主要用到以下几种图像格式:

(1)BMP 文件。是微软平台研究的图像存储类型,最开始在微软公司的 Windows 窗口中进行应用。BMP 类型的图像特点主要有:独有的结构使其只可以保留单张图片;图像数据的存放类型主要有:百万色、256 色、16 色、纯色。图像数据可以选择压缩或者不压缩两种处理类型。

(2)GIF 文件。是为了方便图像在网上的传输而制定的。GIF 文件俗称动态图,经常用于网页的透明、动画等操作。GIF 图像的特点是:构造方式多,可以存放多幅图像;调色板数据可以分成局部调色板或者通用调色板(调色板即色彩表,其中包括很多种类的色彩,各个色类用红色、绿色和蓝色三种基色的调和来表示,图像的每一个像素用相应的数字来代替。调色板的每个单元的数量和图像的色彩数量相照应,如包含 256 个单元的调色板就对应着 256 色的图像);图像数据每个 byte 存放一点;图像最多可以存放 256 色图像。

(3)TIF 文件。是由微软公司和阿道恩公司一起研究开发的图像存储类型。TIF 图像具有以下特点：文件的数据区没有固定的排列顺序，只要表头位于文件前端；指针功能丰富，可以存放多幅图像；可以嵌入私人标识信息；能够存放很多调色板的数据。

（4）JPEG 格式。这种图像格式由 JPEG 专业组织制定出来的一种压缩图像格式，全称为"连续色调静态图像的数字压缩和编码"，是一种通用的静态图像压缩编码标准，可以使用不同的压缩比例对文件格式进行压缩。这种压缩编码格式非常先进，占用非常少的磁盘空间，而且图像质量也很好，是目前使用比较广泛的图像格式。

在定义图像的像素和数组间的关联时，不同的定义方式反映了一种图像类型。MATLAB 图像处理工具箱支持的图像类型有 5 类：

（1）二进制图像。在二进制图像中，所有的像素都是 0 或者 1 状态。其中 0 表示开状态，1 表示关状态。二进制图像的存储类型有：uint8 或者 double。在矩阵实验室中，uint8（8 位无符号数）、uint16（16 位无符号数）和 double 都可以存储。在 MATLAB 中，调用二进制图像的函数都使用 8 位无符号数逻辑数组对图形进行存放。

（2）索引图像。在索引图像中，直接把像素值标示成 RGB 调色板的下标。在矩阵实验室中，由数据矩阵和调色板矩阵组成一个索引图像，数据矩阵可以是 8 位无符号数、16 位无符号数，也可以是 double 类型的。MATLAB 图像处理工具箱仅支持部分 16 位无符号数类型的索引图像，如果是 16 位无符号数类型的图像，MATLAB 可以将其读取或者显示出来，但无法进行处理，需要转换为 8 位无符号数或者 double 类型之后才能进行处理。通过调用 im2double 函数可以转换索引图像为 double 类型。

（3）灰度图像。灰度图像是包括灰度级（亮度）的图像。灰度图像说白了就是一个矩阵 X，在这个矩阵中，图像的一个像素用一个元素表示，元素的数值代表某个范围内的亮度，一般情况下 0 代表黑色，1、255、65536 代表白色。

（4）多帧图像。又叫多页图像，是一种包含多张图像或者帧的图像文件。在 MATLAB 中，多帧图像存储为 4 个维度的数组，帧的序号由第 4 维来表示。

(5)RGB 图像。又叫全彩图像。R 代表像素中的红色分量,G 代表绿色分量,B 代表蓝色分量。在 MATLAB 中,每幅 RGB 图像表达为一个 $W \times H \times 3$ 的数组,其中,W 是指图像的宽度,H 是指图像的高度。

在人脸识别的算法仿真中,为了降低运算量,提高识别速度,通常需要将采集到的彩色 RGB 图像转换为灰度图像,下面给出人脸图像灰度转换的仿真程序:

```
> > I = imread('f1. jpg');   读取图像
> > J = rgb2gray(I);   格式类型转换,RGB 图像转换为灰度图像
> > subplot(1,2,1),imshow(I);   显示原始图像
> > subplot(1,2,2),imshow(J);   显示转换后的灰度图像
> > imwrite(J,'f1. tif');   保存转换后的灰度图像
```

人脸图像灰度转换的仿真效果如图 2-1 所示。

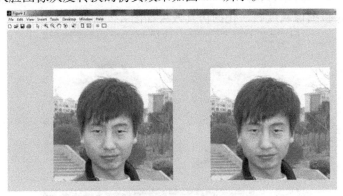

图 2-1   人脸图像灰度转换效果图

2.2   图像归一化

由于图像的采集过程中会受到各种外界因素的干扰,导致采集到的人脸图像明暗程度以及尺寸等产生比较大的差异。对人脸图像进行归一化处理不仅仅是为了使图像标准化,而且是为了方便接下来的人脸检测、特征提取以及匹配识别。图像归一化处理主要包括灰度归一化和尺寸归一化。

2.2.1 灰度归一化

灰度归一化也可以叫直方图均衡化,通过灰度直方图统计图像中各个灰度级的像素的个数,应用直方图均衡化使所有像素点均匀分布在整个灰度级。

下面给出了人脸图像灰度归一化的仿真程序:

```
>> I = imread('f1. tif');    读取原始灰度图像
>> J = histeq(I);    灰度图像直方图均衡化
>> subplot(2,2,1),imshow(I);    原图显示
>> subplot(2,2,2),imshow(J);    灰度均衡化后的图像显示
>> subplot(2,2,3),imhist(I);    显示原始灰度图像直方图
>> subplot(2,2,4),imhist(J);    显示灰度归一化后图像的直方图
```

人脸图像灰度归一化的仿真效果如图 2-2 所示。

图 2-2　人脸图像灰度归一化效果图

灰度直方图是灰度级的函数,描述的是图像中具有该灰度级的像元的个数,如图 2-2 所示。灰度归一化后的灰度直方图分布更加均匀,人脸区域亮度显著提高,面部细节更加清晰。

2.2.2　尺寸归一化

尺寸归一化是指通过处理使所有图像样本的尺寸统一。这就需要对原始图像进行裁剪、缩放等操作。在 MATLAB 中可以使用 imresize

函数来进行尺寸改变,使用这个函数操作简单,处理过程较快且方便达到各种尺寸要求。下面给出尺寸归一化的仿真程序:

>> I = imread(′f1. tif′); 读取原始灰度图像

>> J = imresize(I, [180 200]); 把图像大小统一调整为高
180 × 宽 200

>> subplot(1,2,1), imshow(I); 显示原始图像

>> subplot(1,2,2), imshow(J); 显示尺寸归一化后的图像

>> imwrite(J,′f1. tif′); 保存尺寸归一化后的图像

人脸图像尺寸归一化的仿真效果如图 2-3 所示。

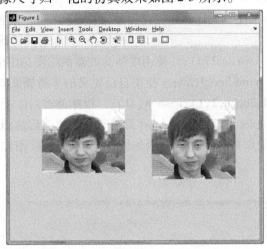

图 2-3　人脸图像尺寸归一化效果图

2.3　滤波去噪

在人脸图像采集或传输的过程中,由于采集设备或空间电磁辐射干扰等因素,使人脸图像成为含噪图像。图像去噪的主要方法有:自适应维纳滤波法和小波去噪等。在 MATLAB 中,可以用 fspecial( ) 函数来自定义滤波算子,然后利用 imfilter( ) 或 filter2( ) 函数调用自己定义的滤波器进行图像的滤波。

为了使滤波效果更加明显,可人为增加图像噪声,本节对图像加入高斯噪声(高斯噪声的概率密度呈正态分布),然后使用维纳滤波和平滑滤波的方法对添加了噪声的图像进行滤波去噪处理。下面给出人脸图像滤波去噪的仿真程序:

> > I = imread('f1. tif'); 读取原始图像
> > J = imnoise(I,'gaussian',0,0.03); 添加标准差为 0.03,均值为 0 的高斯噪声
> > subplot(1,2,1),imshow(I); 显示原始图像
> > subplot(1,2,2),imshow(J); 显示添加噪声后图像
> > h = fspecial('gaussian',2,0.05); 定义标准差为 0.05,大小为 2 的高斯低通滤波器
> > J1 = wiener2(J); 使用维纳滤波器消除图像中的噪声
> > J2 = imfilter(J,h); 使用自己定义的平滑滤波器进行滤波
> > subplot(1,2,1),imshow(J1); 维纳滤波后的图像显示
> > subplot(1,2,2),imshow(J2); 平滑滤波后的图像显示

人脸图像添加高斯噪声效果如图 2-4 所示,人脸图像滤波去噪效果如图 2-5 所示。

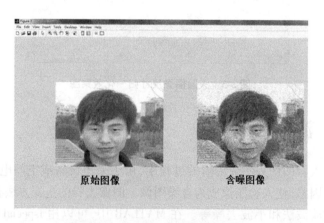

图 2-4　人脸图像添加高斯噪声效果图

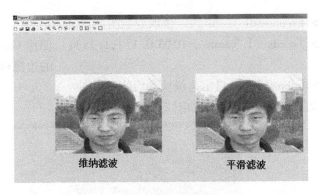

维纳滤波　　　　　　　平滑滤波

图 2-5　人脸图像滤波去噪效果图

2.4　边缘检测

实际应用中,采集设备获取的人脸图像往往包含复杂的背景,需要进行人脸的边缘检测和图像分割。图像分割是指分离开图像中的主要物体与背景,即将图像中不同类别的对象分解并区分对待。区域描述是对目标对象自身及其并列的对象间的关系进行描述。

图像分割方法可分为基于边缘和基于区间的分割技术。边缘检测技术就是基于边缘分割的图像分析方法的初始步骤,边缘检测后的图像才能进行特征提取和形状分析。由于灰度值的不连续,如果两个区域间的灰度有差距,那么这个相邻区域间总是会有一定的边界存在。一阶导数和二阶导数经常用来进行边缘检测,可通过使用空域微分算子和卷积来实现。常用的微分算子有拉普拉斯算子和梯度算子等。

在矩阵实验室中,边缘检测的方法是使用 edge 函数,可以根据需要选择合适的算子和参数。edge 函数在检测边缘时通常选择适当的阈值,边界点就被选择为达到这个阈值范围的点。Canny 算子是最常用的边缘检测方法,它使用两种不同的阈值分别进行弱边缘和强边缘的检测。本节使用 Canny 算子,并选择合适的阈值参数来进行人脸图像的边缘检测。下面给出人脸图像边缘检测的仿真程序:

$>$ $>$ I $=$ imread($'$ f1. tif $'$)； 读取原始图像

$>$ $>$ J $=$ edge(I, $'$ canny $'$, $[0.05\ 0.17]$, 1.75)； 使用 Canny 算子
的边缘检测

$>$ $>$ imshow(J)； 显示边缘检测后的效果图

人脸图像边缘检测效果如图 2-6 所示。

图2-6 人脸图像边缘检测效果图

2.5 人脸检测

人脸检测是人脸识别的必要步骤,其性能极大地影响系统的识别率。人脸检测问题可以描述为:给定任意图像,确定图像中是否存在人脸,如果存在,则返回图像中每个脸部的位置。人脸检测返回包含脸部的矩形边框的图像位置,该检测框作为上述应用的起点。由于人脸是具有高度变异性的非刚性结构,姿态、照明、表情、遮挡、老化、图像采集质量和杂乱的背景等因素对人脸检测的影响较大,从而使人脸检测成为模式识别和机器视觉中具有挑战性的课题之一。人脸检测和定位的方法大致可以分为:基于知识规则的方法、基于可视特征的方法和基于模板匹配的方法。

2.5.1 基于知识规则的方法

基于知识规则的方法是基于人脸的固有特征规则进行人脸检测。

例如,人脸一般包括一左一右两只眼睛、眼睛下面的鼻子和鼻子下面的嘴巴等特征,并且它们之间的位置关系固定。检测过程一般首先提取这些面部特征,然后根据它们之间的位置关系进行组合。早期的人脸检测工作就采用这种方法,这种方法特点是容易理解、具有可行性而且方便使用。另外,这样的方法也存在一些缺点,比如很难将人脸模式的所有知识转化为可计算的规则表达式。而且,如果规则太过严格,则容易出现漏检的情况,过于简单又会容易出现误检的情况。同时,由于人脸模式的复杂性,导致基于知识规则的方法很难涵盖所有人脸,这些缺点使该方法的应用范围大大受限。

2.5.2　基于可视特征的方法

可视特征是指对人来说可以看得见摸得着的特征,如肤色、脸大脸小、脸方脸圆等。所谓基于可视特征的方法,是指通过人的直接观察,总结出哪些是人脸区域,哪些不是人脸区域,然后根据被检测区域和已归纳出的人脸区域的特点有多大的相似度来判断这个区域有无人脸。由于人脸特征的不同,基于可视特征的方法分以下几种:基于皮肤颜色模型的方法、基于数学特征的方法、基于纹理特征的方法。基于可视特征的方法优点是检测速度快,操作简单;缺点是对图像背景和曝光等客观条件要求较高。

2.5.3　基于模板匹配的方法

基于模板匹配的方法是指前期建立一个人脸模板作为标准,然后比对待测图像与标准模板的相似程度,定义一个相似度临界值,用这个值来判断该待测图像中有没有人脸。基于模板匹配的方法的优点是具有较好的适应性,直观性较好;缺点是对表情变化、尺寸改变等敏感,可变模板的选择和参数的确定有一定的难度。

下面给出人脸检测的 MATLAB 仿真程序和仿真结果。该仿真利用基于可视特征的方法,首先通过二值化处理把图像的背景部分(通过阈值设定的非人脸区域)进行弱化(赋值为 0),然后按一定比例标出人脸区域。基于可视特征的人脸检测的 MATLAB 仿真程序如下:

读取一张 jpg 图像,并转换为灰度图像后进行二值化处理

```
i = imread('f1. jpg');    读取一张图像
I = rgb2gray(i);    转换为灰度图像
J = histeq(I);    灰度均衡化
BW = im2bw(J,0.5);    二值化
figure,imshow(BW);
```

对图像进行背景(非人脸区域)部分弱化

```
[n1 n2] = size(BW);    图像尺寸:高和宽赋值给 n1,n2
r = floor(n1/10);
c = floor(n2/10);    尺寸除以 10
x1 = 1;x2 = r;
s = r * c;
```

减小弱化背景区域,将图像部分边缘区域设置为黑色

```
for i = 1:10
    y1 = 1;y2 = c;
    for j = 1:10
        if (y2 < = c | y2 > = 9 * c) | (x1 = = 1 | x2 = = r * 10)
            loc = find(BW(x1:x2, y1:y2) = = 0);
            [o p] = size(loc);
            pr = o * 100/s;
            if pr < = 100
                BW(x1:x2, y1:y2) = 0;
        end
        imshow(BW);
    end
        y1 = y1 + c;
        y2 = y2 + c;
```

```
        end
x1 = x1 + r;
x2 = x2 + r;
    end
```

用矩形框标出人脸区域

```
L    = bwlabel( BW,8);    标注各连通区域
BB   = regionprops( L , 'BoundingBox');    计算包含这个区域的最
                                           小矩形坐标
BB1 = struct2cell( BB);    将各连通区域的坐标转换成元胞数组
BB2 = cell2mat( BB1);    将各连通区域的元胞数组坐标转换成数
                         组
```

通过确认人脸面积在包含连通区域的矩形中面积最大,且面部的长度与宽度比小于1.7 来确定

```
[s1  s2] = size( BB2);
mx = 0;
for k = 3∶4∶s2 − 1
    p = BB2(1,k) ∗ BB2(1,k + 1);
    if p > mx & ( BB2(1,k)/BB2(1,k + 1)) < 1.7
        mx = p;
        j = k;
    end
end
figure,imshow( I);
hold on;
rectangle('Position',[BB2(1,j − 2),BB2(1,j − 1),BB2(1,j),BB2
(1,j + 1)],'EdgeColor','r');    用红色矩形框标出人脸区域
```
基于可视特征的人脸检测的仿真结果如图 2-7、图 2-8 所示。

图 2-7 背景弱化后图像

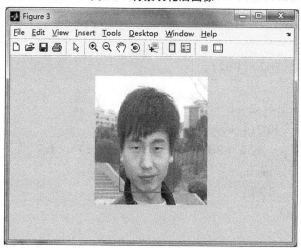

图 2-8 检测出的人脸区域

第3章 多姿态人脸识别

多姿态人脸识别指的是识别或认证图像中任意姿态的人脸。由于人脸为三维结构，故人脸姿态可在三个维度上发生变化，如图 3-1 所示。pitch 是围绕 X 轴旋转，也叫俯仰角；yaw 是围绕 Y 轴左右旋转，也叫偏航角；roll 是围绕 Z 轴平面内旋转，也叫翻滚角。

人脸形态的变化可分为刚体的变换（三个维度上的旋转）和非刚体的变换（面部肌肉的活动），多姿态问题主要关注在人脸刚体的变换上。多姿态问题本质上是三维的人脸结构的刚性变换带来的人脸纹理变化的非对齐问题，如图 3-2 所示。

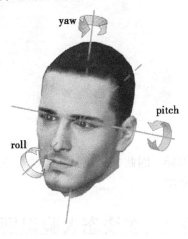

由于姿态变化引起的人脸非对齐问题带来了以下技术挑战：

（1）人脸头部的刚体旋转带来了自遮挡的情况，意味着识别时信息的丢失。

图 3-1　人脸姿态变化的三个自由度

（2）随着姿态的变化，人脸各部分的纹理位置变化是非线性的，意味着在二维图像上的各语义对应的特征点的位置发生不同的变化，语义联系的缺失。

（3）各区域的纹理形状大小也发生不同的变化，出现严重的类内纹理变化。

（4）姿态的变化通常伴随着其他的因素，如光照、表情、分辨率问题，带来更加复杂的纹理变化，使人脸识别任务更加困难。

当不同人的姿态相同或者相差不大的时候，识别性能很好。当人脸姿态变化较大时，会造成识别率下降，主要原因是类内差异大于类间

图 3-2 姿态变化的人脸样本特征

差异。因此,姿态变化的人脸识别是近年来的研究热点,下面进行详细介绍。

3.1 多姿态人脸识别方法

为了解决姿态变化的人脸识别问题,已有的研究是从两方面入手,一个方面是用大量数据训练,从人脸图像中学习一个姿态鲁棒的特征;另一个方面是首先进行姿态校正,得到正面人脸。前者一般是通过对不同姿态图像公共特征表示建模或者图像之间的映射关系来实现;后者通常将有姿态变化的即非正面人脸图像利用 3D 模型或者 2D 学习的方法生成虚拟正面人脸图像。

3.1.1 基于姿态校正的方法

姿态校正方法即将人脸图像进行旋转,拟合成新的姿态图像即生成虚拟图像,这种合成方式包括基于三维模型的方法和基于二维模型的方法。

3.1.1.1 基于三维模型的方法

在大多数基于三维模型的方法中,3D 人脸信息是从输入图像恢复或利用预先学习的统计模型,渲染一个虚拟图像,该图像对匹配图像的姿态有着相同角度。通过虚拟视图,两个人脸图像从不同的姿势可以在相同的姿势匹配。在 V. Blanz 等提出的方法中[28],每个人脸图像用 3D 形状和纹理的模型参数表示,该模型参数是由适应姿态变化的三维形变模型(3D Morphable, Model 3DMM)所估计的。U. Prabhu 等提出了 3D 通用弹性模型(GEM)来解决人脸识别中的姿态问题[29],首先将每个人的二维正面人脸贴到三维通用弹性模型上,生成一系列不同姿态的虚拟图像,然后用与待测图像姿态相同的图像进行匹配。A. Asthana 等提出了一个完全自动化的姿态不变人脸识别系统,并提出了一种 3D 姿态校正的方法,能解决姿态 yaw 方向 ±45°以内,pitch 方向 ±30°以内的人脸识别问题[30]。S. Li 等提出了隐式 Morphable 形变位移场(implicit Morphable Displacement Field,iMDF),利用 3D 人脸模型的形变位移场,将非正面姿态人脸图像转换成正面视角[31]。Y. Taigman 等提出 DeepFace[32],首先利用人脸 3D 对齐,对人脸进行姿态校正,将人脸正面化,再送入卷积神经网络进行特征提取,最后利用分类器进行人脸认证。其中,人脸校正阶段分为 8 个步骤(见图 3-3),首先进行人脸检测,关键点选择双眼 2 点、鼻尖 1 点、嘴部 3 个点,共 6 个点,随后将人脸部分裁剪出来,检测 67 个关键点,进行 Delaunay 三角化,在轮廓处添加三角形来避免不连续,将三角化后的人脸转换成 3D 形状,三角化后的人脸变为有深度的 3D 三角网,将三角网做偏转,使人脸的正面朝前,图 3-3(g)为校正后的人脸。使用训练的数据集为 facebook 自己收集的数据库(Social Face Classification(SFC)dataset):一共 4.4 百万张人脸,4 030 人,每个人有 800 ~ 1 200 张人脸。测试在 LFW 数据库,并最终得到了 97.15% 的认证率。

I. Masi 等针对大姿态变化问题,提出 Pose - Aware CNN Models(PAMs)方法来处理姿态变化[33],如图 3-4 所示。

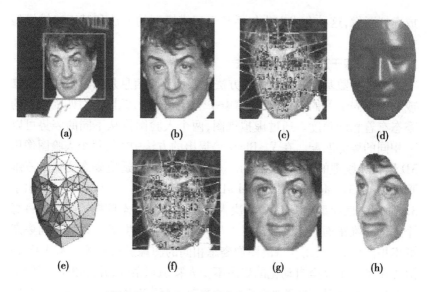

图 3-3　DeepFace 框架中人脸对齐的流程

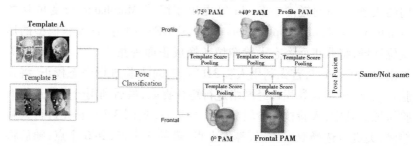

图 3-4　Pose – Aware 人脸识别流程

　　该方法设计了一种卷积神经网络来学习 5 个特定的姿态模型,正面、半侧脸(±40°)和全侧脸(±75°),将不同姿势的图片转换到学习出来的模型上。给定一个需要验证的模板,对每张图片经过一个姿态分类器,然后不同的姿态输入到不同的 CNN 模型,提取特征,并且匹配以得到分数。对于正面和侧面都有一个平面内对齐,对于 0°角、40°角侧面、75°角侧面都有一个平面外旋转矫正。

　　基于 3D 模型的方法要想取得较好的性能,需要从三维模型信息或者从 2D 图像中恢复出 3D 模型,这仍然有巨大的挑战。

3.1.1.2 基于二维模型的方法

Zhenyao - Zhu 等提出了一种网络,克服姿态和光照,学习人脸身份保持特征 FIP,并将它用于重建 canonical 视角的人脸图像[34]中。该网络分为特征提取和人脸重建两部分。在 MultiPIE 数据库,仅姿态变化的人脸识别测试,网络生成的重构人脸可达到平均 98.3% 的准确率。Zhu 等提出了一种新的神经网络结构多视角感知器(Multi - View Perceptron,MVP)。MVP 利用网络不同的神经元将姿态和身份分开,能够重构出单张 2D 图像的各姿态图像[35]。

M. Kan 等提出了一种栈式渐进自编码(SPAE)神经网络模型,以实现较小规模数据下对姿态变化的非线性建模[36]。其采用自编码器网络并对其进行改进,以适应栈式渐进的需求,如图 3-5 所示。

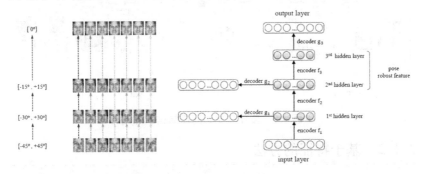

图 3-5　SPAE 神经网络结构示意图

SPAE 神经网络模型将每个浅层自编码器的目标设计为仅进行较小范围的姿态转化,即将变化较大姿态的图像转换到相邻的变化较小姿态,而姿态变化已经较小的图像则保持不变。由此通过级联多个浅层的渐进自编码器形成的深层网络结构即可实现平滑的姿态变换。随着网络层数的增加,姿态变化越来越小。在最高层,所有图像均被转换为正面姿态。在 MultiPIE 数据库上的平均识别率为 91.4%。该方法的另外一个重要优点是不需要已知输入图像的姿态,也不需要进行显式的姿态估计。

J. Yim 等提出了基于多任务学习的深度神经网络,该网络可以实现将任意姿态、任意光照的人脸旋转成指定的人脸姿态及正常光照,并且能很好地保持人的身份特征[37]。该文献提出了 Remote code,将指定的角度编码成一串 0、1 码,用来控制输入图像旋转到指定角度,相当于额外的监督信号。该特殊的编码在输入层和输出层使用,输入层的编码被称作 Remote code,与图像一起输入到网络中。输出层的编码被称作 Recon code,编码与 Remote code 类似,包括姿态和光照两类信息,用于重构输入人脸。网络任务包括两个,一个是姿态校正到指定角度,另一个是重构人脸即输入到网络的原图,包括姿态、光照。在 MultiPIE 数据库测试姿态变化平均识别率能达到 80.7%,姿态越大识别率有所下降。多任务学习网络结构如图 3-6 所示。

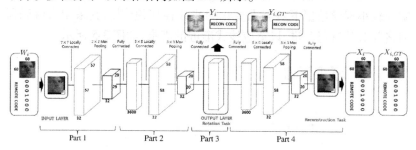

图 3-6   多任务学习网络结构示意图

3.1.2   基于特征的方法

基于特征的方法即提取对姿态鲁棒的人脸特征用于人脸识别。深度学习出现之前,手工特征被广泛应用于人脸识别任务,例如 SIFT[35]、LBP[38] 和 Gabor[39],这些特征在受控条件下和部分非约束条件下识别效果很好。

相较于手工设计的特征,深度神经网络可以提取到更为抽象的高层级特征。下面介绍几个识别性能很好的深度神经网络结构。

3.1.2.1   DeepID

Y. Sun 提出的 DeepID 的网络结构与普通的卷积神经网络的结构相似,但是在隐含层,也就是倒数第二层,与 Convolutional layer 4 和 Max – pooling layer3 相连,鉴于卷积神经网络层数越高视野域越大的特性,这样的连接方式可以既考虑局部的特征,又考虑全局的特征,Deep-

ID 的网络结构如图 3-7 所示[27]。

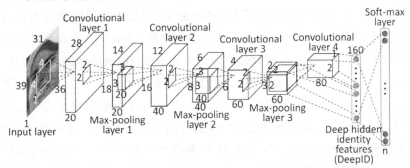

图 3-7　DeepID 的网络结构示意图

另外,考虑到 LFW 数据集不够大,DeepID 引入了外部数据集 CelebFaces 和 CelebFaces + ,用更大的数据集进行模型训练,在 LFW 数据集达到了 97.45% 的人脸认证结果。DeepID 的特征提取过程如图 3-8 所示。

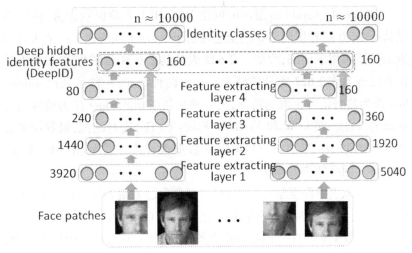

图 3-8　DeepID 特征提取过程示意图

3.1.2.2　FaceNet

Florian Schroff 等提出了 FaceNet 框架,与其他的深度学习方法在人脸上的应用不同,FaceNet 并没有用传统的 softmax 的方式去进行分类学习,而是直接进行端对端学习一个从图像到欧式空间的编码方法,基于这个编码再做人脸识别、人脸验证和人脸聚类等[40]。FaceNet 算法有如下要点:去掉了最后的 softmax,用元组计算距离的方式来进行模型的训练。采用这种方式学到的图像表示非常紧致,仅采用了 128 维特征。FaceNet 在 LFW 数据库的准确率为 99.63%。FaceNet 的网络结构如图 3-9 所示。

图 3-9　FaceNet 的网络结构

3.1.2.3　VGGFace

Omkar M. Parkhi 将很深的网络 VGG 用于人脸识别任务,该网络结构是由 16 层卷积网络 3 层全连接层组成,该工作构建了一个人脸识别的数据库用于训练,收集了 2 622 人的共 2.6 M 张图片[41]。将人脸识别任务当作 2 622 类分类任务。提取两种特征,一种是利用 softmax loss 作为监督信号提取的特征,另一种是利用 triplet loss 作为监督信号提取的特征。在 LFW 和 YouTube Faces(YTF)进行测试,最好结果分别为 99.13% 和 97.4%。VGGFace 数据集样本图像如图 3-10 所示,VGGFace 网络架构如图 3-11 所示。

人脸识别中深度学习方法,很多都是自己采集训练数据,VGGNet、FaceNet 所需要的训练样本数量级已达到了百万级,其网络层数很多,训练样本数据也越多。因此,深度学习方法要想训练出一个好的模型,需要大量的样本数据。

图 3-10　VGGFace 数据集样本图像示例

layer	0	1	2	3	4	5	6	7	8	9	10	11	12	13	14	15	16	17	18
type	input	conv	relu	conv	relu	mpool	conv	relu	conv	relu	mpool	conv	relu	conv	relu	conv	relu	mpool	conv
name	–	conv1_1	relu1_1	conv1_2	relu1_2	pool1	conv2_1	relu2_1	conv2_2	relu2_2	pool2	conv3_1	relu3_1	conv3_2	relu3_2	conv3_3	relu3_3	pool3	conv4_1
support	–	3	–	3	–	2	3	–	3	–	2	3	–	3	–	3	–	2	3
filt dim	–	3	–	64	–	–	64	–	128	–	–	128	–	256	–	256	–	–	256
num filts	–	64	–	64	–	–	128	–	128	–	–	256	–	256	–	256	–	–	512
stride	–	1	1	1	1	2	1	1	1	1	2	1	1	1	1	1	1	2	1
pad	–	1	0	1	0	0	1	0	1	0	0	1	0	1	0	1	0	0	1

layer	19	20	21	22	23	24	25	26	27	28	29	30	31	32	33	34	35	36	37
type	relu	conv	relu	conv	relu	mpool	conv	relu	conv	relu	conv	relu	mpool	conv	relu	conv	relu	conv	softmx
name	relu4_1	conv4_2	relu4_2	conv4_3	relu4_3	pool4	conv5_1	relu5_1	conv5_2	relu5_2	conv5_3	relu5_3	pool5	fc6	relu6	fc7	relu7	fc8	prob
support	1	3	1	3	1	2	3	1	3	1	3	1	2	7	1	1	1	1	1
filt dim	–	512	–	512	–	–	512	–	512	–	512	–	–	512	–	4096	–	4096	–
num filts	–	512	–	512	–	–	512	–	512	–	512	–	–	4096	–	4096	–	2622	–
stride	1	1	1	1	1	2	1	1	1	1	1	1	2	1	1	1	1	1	1
pad	0	1	0	1	0	0	1	0	1	0	1	0	0	0	0	0	0	0	0

图 3-11　VGGFace 网络架构

3.2　常用的多姿态人脸数据库

随着人脸识别算法的发展,人们通过有组织地收集人脸图片,形成人脸数据库,用来评测算法的性能。评价多姿态人脸识别算法也有相应的数据库,数据库的发展潮流为从实验室数据库发展至非受限条件下获取的数据库。下面介绍主流的多姿态人脸数据库。

3.2.1 FERET 人脸数据库

FERET(The Facial Recognition Technology Database) 项目在 1993 年由乔治梅森大学和美国陆军研究实验室发起,目的是评价自动人脸识别算法,促进安全、智能等领域的发展。FERET 人脸数据库由 FERET 项目创建,包含 14 051 张多姿态、多光照的灰度人脸图像,是人脸识别领域应用最广泛的数据库之一。该数据库包含用于不同取向的子集。与多姿态人脸相关的部分是从 200 个个体中采集的,包含从 −60°到60°的姿态变化,如图 3-12 所示。

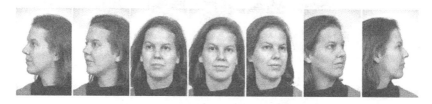

图 3-12　FERET 数据库多姿态人脸图像

3.2.2 MultiPIE 人脸数据库

MultiPIE(Multiple Pose Illumination Expression, MultiPIE) 人脸数据库由卡内基梅隆大学发布,用于支持关于姿态、光照、表情变化的人脸识别算法的评估。MultiPIE 人脸数据库包含了 337 个个体,每个个体下含有 15 种姿态、20 种光照、2 种表情,分四个时间段(session)拍摄而成,是一个大规模的能用于评判多姿态人脸识别算法的数据库。图 3-13展示了 MultiPIE 数据库多姿态人脸图像。

3.2.3 FacePix 人脸数据库

FacePix 人脸数据库包含 30 个人不同姿态的图像,其姿态范围为水平方向上从 −90°到90°, 间隔为 1°, 共 181 个姿态。图 3-14 展示了 FacePix 数据库多姿态人脸图像。

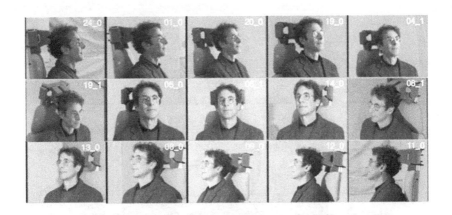

图 3-13　MultiPIE 数据库多姿态人脸图像

图 3-14　FacePix 数据库多姿态人脸图像

3.2.4　MIT - CBCL 人脸数据库

MIT - CBCL 人脸数据库是由麻省理工学院生物和计算学习中心创建的人脸识别数据库,共有 10 人,每人采集 200 幅图像,一共 2 000 幅图像。样本图像包含大范围连续的姿态、光照和表情等变化,其中姿态变化包含水平姿态变化和俯仰角度姿态变化。图 3-15 展示了MIT - CBCL 数据库的多姿态人脸图像。

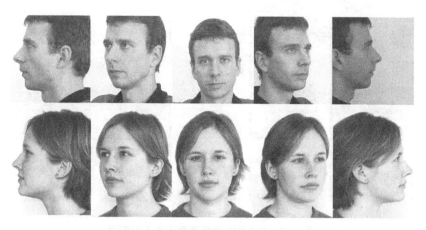

图 3-15 MIT – CBCL 数据库姿态变化人脸图像

3.2.5 Yale Face 姿态数据库

Yale Face Database 由耶鲁大学计算视觉与控制中心创建,包含 15 位志愿者的 165 张图片,每张图片包含光照、表情和姿态的变化。

Yale Face Database B 数据库共包含 10 个人的 9 种不同姿态的人脸图像,每种姿态又包含 64 种不同的光照情况。由于采集人数较少,限制了该数据库的进一步应用。

扩展 Yale Face Database B 数据库共包含 28 人的 9 种不同姿态在 64 种光照条件下的 16 128 幅图像。

图 3-16 展示了 Yale 人脸数据库的多姿态人脸图像。

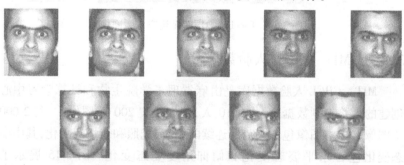

图 3-16 Yale 人脸数据库的多姿态人脸图像

3.2.6 LFW 人脸数据库

LFW（Labeled Faces in the Wild, LFW）人脸数据库是近几年人脸识别领域最热门、挑战度较高的数据库之一。2007 年以来, LFW 成为真实条件下（in Wild）人脸识别问题的测试基准。LFW 数据集收集自因特网, 共 5 749 人, 13 233 张人脸图像, 其中有 1 680 人有两张或以上的图像。LFW 人脸数据库的数据在非受控条件下获取, 有着较大的姿态、表情、光照等差异。图 3-17 给出了 LFW 人脸数据库同一个人的一组图像, 可见有姿态变化, 戴眼镜和不戴眼镜, 表情的变化, 这都会影响识别性能。

图 3-17 LFW 数据库非受控条件下的人脸图像

LFW 一般用于人脸认证算法的测试。数据集提供了两种不同的训练配置, 图像约束配置（image restricted）和图像非约束配置（image unrestricted）。在前者中, 对于一对图像, 只会给定"是匹配对"或"不是匹配对"的标签。在后者中, 可以利用图片对应的身份类别信息, 例如构建额外的训练样本。除了这两种配置, 还可以引入外部数据进行训练, 分为引入带标签（图像 pair 或类别的信息）的数据（labeled outside data）和不带标签的数据（label - free outside data）。

3.2.7 CAS - PEAL 人脸数据库

CAS - PEAL 人脸数据库由中国科学院高级计算机与通信技术联合研发实验室（CAS）在中国高科技（863）计划和 ISVISION 技术支持下

建成。CAS – PEAL 面部数据库包含了 1 040 个人(595 名男性和 445 名女性)的不同姿势、表情、饰物和光照的 99 594 张图像。图 3-18 展示了 CAS – PEAL 人脸数据库的多姿态人脸图像。

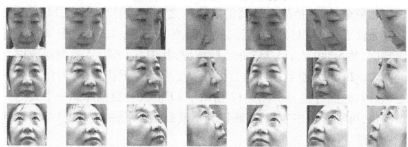

图 3-18　CAS – PEAL 人脸数据库的多姿态人脸图像

3.3　人脸姿态估计

人脸姿态估计是基于人脸生物特征的一个基本人工智能问题,它主要是指对人脸在空间中的姿态变化情况进行评估,得到人脸当前的姿态方向和角度。识别预处理中的人脸姿态估计是一种根据人脸信息的先验知识,对待识别人脸图像进行进一步挖掘的手段。人脸的姿态估计在提高多姿态人脸识别系统的自动化程度中具有重要作用:

(1)许多针对多姿态人脸的识别方法都需要提供人脸图像的姿态信息,比如姿态矫正、图像特征数据训练、三维人脸模型的重建等。在实际情况中,如果通过人工的方法提供人脸图像姿态信息会严重影响方法的执行效率和自动化程度。

(2)为了提高人脸的识别效果,考虑到面部特征对于姿态变化的适应能力,对输入的人脸图像进行姿态估计以判断其是否满足人脸识别所要求的姿态范围,来对输入人脸图像从姿态角度上进行筛选,也是提高多姿态人脸识别的一个主流方法。

(3)从人机交互的角度来讲,对待测人员的姿态角度进行估计,在现实场景能够满足的情况下对待测人员的姿态做出合理化建议,来提高多姿态人脸的识别效果,也是一种有效的策略。

（4）根据待测人脸的姿态角度，自适应地调整特征选择、权值参数、融合决策等环节，也是通过人脸姿态估计提高多姿态人脸识别效果的一种理论途径。

3.3.1 人脸姿态估计的基本原理

人脸的姿态估计是通过对含有人脸的图像进行分析，推断出其中的人脸姿态情况（包括姿态方向和角度）。人脸的空间姿态变化包括平面旋转、左右转动以及上下俯仰三种。人脸姿态估计问题是一个多类分类问题，它的类别数目就是划分人脸区间的数量。在区间范围和数量的选择时，需要考虑的因素是：

（1）划分的区间均匀，这样能够对任何输入的姿态人脸有效地估计姿态范围。

（2）姿态类别数量要能够满足姿态区分的要求，所以不能过少。

（3）过多的类别数量虽然能够使区分更精细，但过于精细的分类只会增加计算量，降低运行速度。

人脸的姿态估计问题也是一种模式识别问题，因此它满足模式识别问题的基本构成：信息获取，预处理，特征提取与选择，分类决策。人脸姿态估计包含训练和估计两个流程。在训练流程中，训练人脸图像先经过图像预处理完成图像裁剪和灰度化等处理，然后通过特征提取得到训练特征数据集，最后用这些训练数据集对分类器进行训练。在姿态估计流程中，待估计人脸图像也将先通过相同的图像预处理和特征提取方法，获得测试样本特征数据，然后由训练好的分类器给出姿态分类结果。人脸姿态估计的结果将以姿态角度类别来体现，即判断在一系列姿态角度中待估计人脸所最接近的姿态角度类别，并把这个姿态角度作为姿态估计的结果。图 3-19 展示了人脸姿态估计的基本流程。

人脸姿态估计问题作为姿态估计的一个细分领域，国内外的研究人员对此也进行了深入研究，提出了一些方法，大致可分为基于模板的方法、基于特征的方法以及基于分类的方法。

（1）基于模板的方法。针对人脸形状，目前常见的姿态估计模板有椭圆模板和圆柱模板，即通过椭圆或者圆柱形状近似人脸或人头形

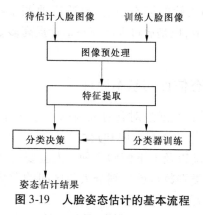

图 3-19 人脸姿态估计的基本流程

状。这类模板方法一般是先根据先验知识建立形状模板,然后通过定位人脸面部器官(如眼、鼻、嘴等)来将人脸图像与模板匹配,进而从模板的变化程度来估计人脸图像的姿态信息。这种方法简单易行,但当姿态变化很大(比如90°)的时候,人脸图像中部分器官被自遮挡难以定位,基于模板的方法就无法发挥作用了。

(2)基于特征的方法。这类方法也细分为基于全局特征的方法和基于局部特征的方法。基于全局特征的方法,是从人脸图像中提取随姿态变换较大的特征来进行分类匹配,与人脸识别相比,这种方法将全局特征的缺点变成了优势。基于局部特征的方法即通过匹配局部特征点,由特征点的绝对和相对位置来估计人脸姿态,这种方法效果与特征选取有较大关系。

(3)基于分类的方法。这类方法主要是利用SVM、神经网络等模型对图像进行机器学习,从而挖掘图像中的隐含姿态信息来完成姿态分类。单纯的基于分类的方法并不能取得很好的效果,所以往往与前面的方法结合起来对问题加以解决。

其中,基于主成分分析(PCA)的人脸姿态估计方法是目前的姿态估计方法中比较简单有效的一种方法。

3.3.2 基于PCA的人脸姿态估计

基于PCA的人脸姿态估计方法是指先利用主成分分析(PCA)的

方法对训练样本人脸进行特征提取,再通过分类的方法将不同姿态的人脸样本划归到一系列姿态区间里,从而完成人脸的姿态估计。

PCA 是一种统计分析方法,主要用于数据降维处理,在被引入到人脸图像的特征提取领域后,取得了不错的效果。作为图像处理当中经常使用的一种全局特征提取算法,其主要思想是:通过寻找一组维数较少的数据主轴方向,将超高维的原始图像数据投影到新的特征子空间,以较少的特征维数对图像进行描述,从而实现图像的特征提取。PCA 在对人脸图像进行处理时,主要通过 K—L 正交变换展开式从人脸图像数据库中提取人脸的主要特征,构成特征脸空间,再将人脸图像投影到特征脸空间,获得一组投影系数作为人脸图像的特征数据。图 3-20 显示了利用 PCA 进行姿态估计的具体流程。

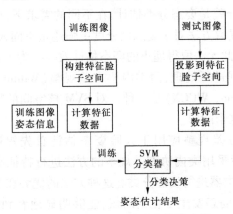

图 3-20 基于 PCA 的姿态估计流程

基于 PCA 的姿态估计算法步骤如下:

(1)利用训练人脸图像构建特征脸子空间,并计算训练图像的特征数据。

(2)将训练图像的特征数据和姿态信息作为训练样本和样本标签,由 SVM 分类器进行有监督的学习,得到训练好的 SVM 分类器。

(3)将待估计姿态的测试人脸图像投影到特征脸子空间,计算得到测试图像的特征数据。

(4)由(2)中得到的 SVM 分类器对测试图像的特征数据进行分类

决策,得到姿态分类结果,再根据姿态分类结果给出测试人脸图像的姿态角度。

3.3.3　基于类内协方差规整的人脸姿态估计

特征提取获得的特征数据本质上来说只是对图像数据的一种降维,这种处理方法是无监督的,并没有考虑到样本的类别标签信息,那么就存在以下的问题。

通过特征提取获得的人脸图像的特征向量或许不是区分不同姿态的最优特征,体现在人脸姿态估计问题上面就是,对于人脸图像的特征样本来说,存在着不同人员的人脸之间的差异要大于不同姿态之间的差异的可能性,利用前者的差异所作的区分就是人脸识别,利用后者的差异所作的区分就是姿态分类估计,在不同的需求下,可以预见的是,仅仅依靠特征提取方法对于姿态区分度更强还是不同人员区分度更强是不确定的,因此无法取得理想的姿态估计效果。为了解决这个问题,需要对特征数据进行处理,而类内协方差规整(Within – Class Covariance Normalization,WCCN)是一种针对 SVM 核空间的特征规整方法,能够有效解决这个问题。

将类内协方差规整应用于人脸姿态估计首先提取人脸图像的HOG 特征,然后采用类内协方差规整的方法进行特征空间的变换,最后利用 SVM 分类器进行姿态分类。这种方法的优势在于:

(1)人脸在姿态发生变化的时候,能够明显地看到图像轮廓结构的变化,因此利用 HOG 特征来区分人脸的姿态变化是可行的。

(2)通过类内协方差规整的方法处理人脸特征数据,将有效降低同姿态样本的类内差异,并提高姿态类之间的距离以增强分类器对姿态类别的分类能力。

下面将对 HOG 特征提取方法和 WCCN 特征数据处理方法进行介绍。

梯度方向直方图(Histogram of Oriented Gradient,HOG)方法是一种有效提取图像几何特征的特征提取方法,它是通过统计局部区域的梯度方向直方图,来实现对一个物体轮廓结构的描述。图 3-21 展现了HOG 算子的主要生成步骤。

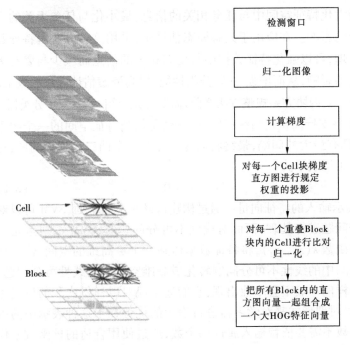

特征向量 $f = \{x_1, x_2, \cdots, x_n\}$

图 3-21　HOG 算子的主要生成步骤

流程图文字：
检测窗口 → 归一化图像 → 计算梯度 → 对每一个Cell块梯度直方图进行规定权重的投影 → 对每一个重叠Block块内的Cell进行比对归一化 → 把所有Block内的直方图向量一起组合成一个大HOG特征向量

Cell

Block

　　了解了计算像素点的图像梯度的方法之后,就是建立每个 Cell 单元的梯度方向直方图。Cell 是将图像分割而成的若干小单元格,通过统计这些小单元格内的梯度方向来描述局部特征。将 0°~360° 划分成若干 bin,将 Cell 内的全部像素根据其梯度方向所处区间统计到对应的 bin 中,同时根据梯度幅值加权,就能够得到一个 Cell 的梯度方向直方图。

　　将若干空间上连通的 Cell 组合成一个大的 Block,为减小局部光照以及前景—背景对比度变化的影响,对一个 Block 内的梯度强度进行归一化。不同的 Block 之间一般是互有重叠的。将一个 Block 内所有 Cell 的梯度方向直方图串联就得到 Block 的 HOG 描述符。所有 Block 内的 HOG 描述符组合起来就是图像的 HOG 特征。

　　类内协方差规整是一种针对 SVM 核空间的特征数据规整处理,它致力于最大化特征空间中与任务相关的信息,最小化与任务无关的干扰和噪声的影响。在应用于人脸姿态估计中,采用这种方法对特征数据进行处理,可以强化特征数据中与姿态相关的信息而减少与姿态无关的信息的影响,从而增强 SVM 分类性能,提高姿态估计方法的效果。

在引入类内协方差规整方法之前,需要首先介绍一下 SVM 分类器。

SVM 是支持向量机简称,其主要思想是找到特征空间的一个超平面,使其具有最大的间隔,最终将问题转化为一个凸二次规划问题,这个超平面可以表示为:

$$w^{\mathrm{T}}x + b = 0 \tag{3-1}$$

式中,x 表示输入的特征向量。通过构建这样一个超平面,SVM 可以对线性可分问题进行处理,而面对线性不可分问题时,SVM 的对策是选择一个核函数 $k(x_1, x_2)$,将特征数据传到一个更高维的空间,这样可将原始空间中的线性不可分问题转化成高维空间中的线性可分问题。因为训练样例一般不会单独出现,它们通常成对以样例内积的形式出现,因此以对偶形式来对学习器进行表示的优势在于这种表示中的可调参数个数不需要依赖输入属性的个数,通过使用合适的核函数来代替内积,来隐式地把非线性的训练数据映射到一个更高维的空间,而不必增加可调参数的数量,因此 SVM 中包含特征空间映射 $\Phi(x)$ 的核函数 $k(x_1, x_2)$ 可以表示为:

$$k(x_1, x_2) = \Phi(x_1)\Phi(x_2) \tag{3-2}$$

SVM 中可以使用的核函数有很多种,这里我们利用具有如下形式的广义线性核进行一对所有(one against all)分类器的训练,R 是一个半正定矩阵:

$$k(x_1, x_2) = x_1 R x_2 \tag{3-3}$$

基于分类的人脸姿态估计是一个多分类问题,而 SVM 分类器是一个处理二分类问题的分类器,因此在解决多分类问题中,通常采用以下策略:

(1)一对所有策略(one against all),即对每两个类别之间都构建超平面,n 类问题一共需要构建 $n \times (n-1)/2$ 个超平面,决策时通过多个决策平面投票决定。

(2)一对其他策略(one against the rest),在某一类别与其他所有类别之间构建超平面，n 类问题一共需要构建 n 个超平面。但是第二种策略的训练集严重不平衡，因此是有缺陷的。

利用类内协方差规整和 HOG 特征提取进行人脸的姿态估计方法的流程如下：

（1）将所有训练库中的人脸图像进行图像预处理，包括图像灰度化、光照归一化、统一图像尺寸等处理。

（2）利用本节所提到的 HOG 方法提取人脸图像训练样本的特征，并将所有训练样本的特征组成训练集合。

（3）对训练集合数据进行类内协方差规整（WCCN）处理，训练集合以姿态角度作为分类依据。

（4）用处理后的训练集合数据训练核函数为线性核的 SVM 分类器。

（5）将测试人脸图像样本经过相同的特征提取和 WCCN 中的特征空间变换，再由训练好的 SVM 分类器给出姿态分类预测结果。

基于类内协方差规整的人脸姿态估计流程如图 3-22 所示。

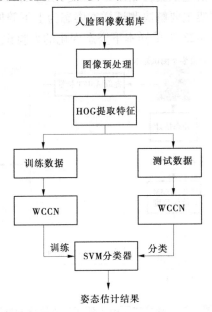

图 3-22　基于类内协方差规整的人脸姿态估计流程

3.4 姿态变化的人脸识别应用

在实际应用中,人脸数据库用户注册图像往往只有一张而且是正面人脸,而测试图像由于采集问题,会产生姿态、光照等变化。深度学习虽然对姿态等变化的人脸可以提取鲁棒的特征,有很好的性能,但其网络模型的学习是依靠海量数据支撑的,即要有每个人充足的姿态变化的样本。因而,在样本量少的情况下,直接利用深度学习进行模型训练是不适用的。本节主要针对注册人脸为单张正面标准图像的姿态变化人脸识别问题,讨论了一种多姿态人脸识别框架,主要思路是利用人脸的 3D 信息生成与测试人脸角度相同的虚拟人脸。

3.4.1 单样本的姿态变化人脸识别

姿态变化包括上下俯仰角(pitch)变化、左右旋转(yaw)和平面内旋转(roll),该框架主要解决测试样本姿态为上下俯仰角和左右旋转有变化的问题。图 3-23 为单样本下姿态变化的人脸识别框架。

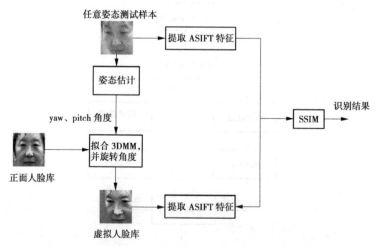

图 3-23 单样本下姿态变化的人脸识别框架

该人脸识别框架中,注册人脸库为单样本正面标准人脸,测试人脸库为任意姿态下的人脸库。人脸识别流程为：首先对测试人脸进行姿态估计，随后利用 3DMM 即三维形变模型，对所有的注册人脸库的人脸数据分别进行人脸重建，得到人脸自适应的 3D 模型，并根据估计出的头部姿态，旋转模型，生成虚拟人脸图像，之后对测试人脸及虚拟人脸库的所有图片提取局部特征 ASIFT，最后用 ASIFT 特征与 SSIM 相结合的方法进行人脸识别。

单样本下姿态变化的人脸识别基本流程如下：

（1）估计待测样本的姿态，输出两个角度参数：pitch 和 yaw。

（2）用三维形变模型将正面人脸数据库所有人脸分别重构成三维模型，根据步骤（1）得到的估计方向 pitch、yaw 角度进行三维模型旋转，得到虚拟角度图像。

（3）提取测试图像与所有虚拟图像 ASIFT 特征，计算特征间的欧式距离，当两个特征点的欧式距离最小即为匹配对。

（4）利用 SSIM 算法对步骤（3）得到图片之间匹配对所对应坐标为中心的局部图像块，进行相似度计算，求出整幅图的匹配点的 SSIM 值的加权平均值，为两幅图的相似度值。

（5）统计待测人脸与所有虚拟生成人脸一一对应的相似度值，如果类内的两张图相似度值最大，即识别成功，否则不成功。

3.4.2　3D 虚拟姿态人脸图像生成

生成 3D 虚拟姿态人脸图像，首先进行三维人脸重建，从二维人脸中恢复出其三维模型，并将模型进行旋转特定角度，得到虚拟图像。三维人脸重建的目标是根据某个人的一张或者多张二维人脸图像重建出其三维人脸模型。由单张二维图像重建三维人脸的问题本身其实是个病态（ill - posed）问题，因为在将人脸从三维空间投影到二维平面上形成我们看到的二维人脸图像的过程中，人脸的绝对尺寸（如鼻子高度），以及由于自遮挡而不可见的部分等很多信息已经丢失。在不掌握相机和拍摄环境的相关参数的情况下，这个问题其实是没有确定解的。

为了解决这问题，可借助机器视觉中的从阴影恢复形状（Shape -

from – Shading,SFS)[42]方法。但是该方法依赖于光照条件和光照模型的先验知识,而未考虑人脸结构的特殊性,在任意拍摄的人脸图像上效果一般。后来,文献[43]引入了平均三维人脸模型作为约束条件对传统的 SFS 方法进行了改进,取得了不错的效果。然而,重建结果往往都接近平均模型,缺少个性化特征。另一个常用思路是建立三维人脸的统计模型,再将该模型拟合到输入的二维人脸图像上,利用拟合参数实现三维人脸的重建。这类方法基本都是基于 Blanz 和 Vetter 提出的三维形变模型[44]。

本节介绍第二种思路,利用三维形变模型,实现注册二维人脸图像的三维人脸重建;并根据测试人脸的姿态,对模型进行旋转,得到相应角度的虚拟人脸图像;为生成相应角度的虚拟图片,首先检测二维正面人脸的关键点,映射到 3DMM 模型,根据参数形变平均脸,得到相应的三维人脸模型;将其网格化,预估背景深度之后,将其旋转到指定角度,最后进行图像渲染得到二维虚拟人脸图像。

3DMM(3D 形变模型)是一种极其成功的描绘 3D 人脸的办法。其主要特点是高度自动化且真实感较强,并且可以通过单张照片来进行三维人脸重建。该方法通过主成分分析对人脸的 3D 形状和纹理(表面反射率)分别进行统计建模,在此基础上建立了包含形状、纹理统计参数、Phone 模型参数、光照参数、摄像机内外参数、绘制参数等在内的复杂成像模型,最终采用基于合成的分析(Analysis – By – Synthesis)技术通过优化算法估计这些参数,得到输入人脸的 3D 形状和纹理统计参数用于最终的分类识别。

3DMM 需要预先建立一个一般平均脸模型,这个平均脸模型可以通过运用激光扫描或者结构光系统来获取多张三维人脸数据,然后对他们进行一系列处理来获得。在一般的应用中,人们可以通过将平均脸进行形变来得到一张目标人脸的纹理。模型形变过程由以下步骤完成:首先标记人脸特征点,对三维人脸的投影以及二维人脸上的特征点建立代价方程,对上述方程进行迭代求解,从而获得形状参数和纹理参数。

该方法需要求解一个涉及几百个参数的复杂连续优化问题,迭代优化过程耗费了大量的计算时间。这在很多人脸识别系统中是很难容忍的。因此,采用人脸虚拟图像生成方法,基于3DMM进行三维人脸重建,生成虚拟图像[45]。3DMM可以在相当大的程度上近似任意面部形状。B. Chu等将3DMM扩展包含表情来作为中性脸的补偿[46]。3DMM模型如图3-24所示。

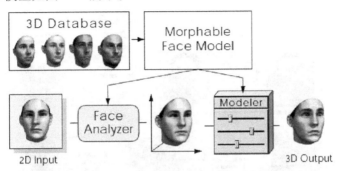

图 3-24　3DMM 模型示意图

将正面人脸样本,利用3D形变模型生成侧面视角的人脸。该方法基本思路是预测人脸图像的深度信息,用3D旋转生成侧面视角的图像。3D图像网格化:首先,我们估计人脸图像的深度信息,由于要求精度不同,深度估计包括两种区域,即人脸区域和其他区域。利用MFF来估计人脸区域的3D形状和纹理[47],拟合3D形变模型,见图3-25(b)。图片其他区域,利用Zhu等提出的3D网格化方法估计人脸区域边缘深度[48]。当估计得到了深度信息,3D图像旋转,最后渲染得到虚拟图像,见图3-25(c)。

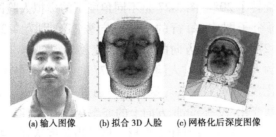

(a) 输入图像　　(b) 拟合 3D 人脸　　(c) 网格化后深度图像

图 3-25　3D 人脸图像网格化

映射到 3DMM 模型,根据参数形变平均脸,得到相应的三维人脸模型;将其网格化,预估背景深度之后,将其旋转到指定角度,最后进行图像渲染得到二维虚拟人脸图像。生成虚拟姿态人脸图像流程如图 3-26 所示。

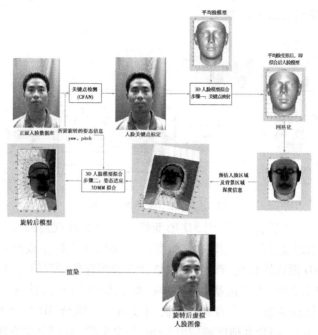

图 3-26 生成虚拟姿态人脸图像流程

CAS – PEAL 人脸数据库中 pitch 角度没有给定具体的真实值,于是人为约定旋转了 20°。图 3-27 是不同角度下的虚拟人脸图像和真实人脸对比,每个子图中,每行的 yaw 方向姿态分别为 + 22°、+ 30°、+ 45°。图 3-27(a)是 PD 方向的 3D 重建完旋转得到指定角度的虚拟图像对齐后的人脸。与真实人脸组图 3-27(b)相比较,当角度较大时,人脸区域变化较大,有一定的轮廓扭曲。通过图 3-27(c),不难看出当只有 yaw 角度变化,没有 pitch 方向上的姿态变化时,由 3D 模型生成的虚拟人脸,真实度较高,没有什么变形。但是当角度达到 + 45°时,虚拟人脸会发生形变。

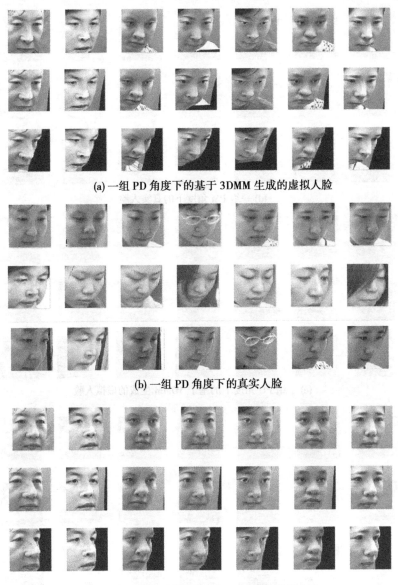

(a) 一组 PD 角度下的基于 3DMM 生成的虚拟人脸

(b) 一组 PD 角度下的真实人脸

(c) 一组 PM 角度下的基于 2DMM 生成的虚拟人脸

图 3-27　不同姿态下不同人的虚拟人脸和真实人脸示意图

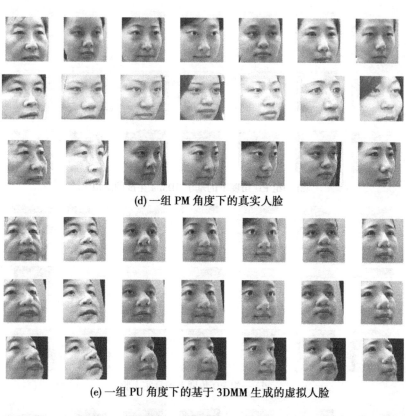

(d) 一组 PM 角度下的真实人脸

(e) 一组 PU 角度下的基于 3DMM 生成的虚拟人脸

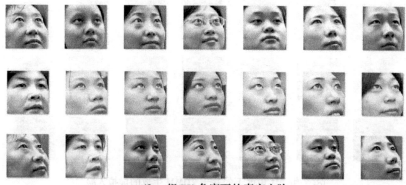

(f) 一组 PU 角度下的真实人脸

续图 3-27

3.4.3 多姿态人脸图像的识别试验

多姿态人脸识别过程：首先进行姿态估计，把待测试的人脸角度估计出来，将数据库中每个人正面脸生成相应姿态下的虚拟人脸，分别提取测试和所有数据库虚拟人脸的 ASIFT 特征，进行匹配。对两幅图的每对匹配点，采用结构相似度（SSIM），计算以它们为中心构成的 5×5 的子图像块的相似度，取所有子图像块 SSIM 的平均值作为两幅图的相似度。将测试图像与数据库中所有虚拟姿态的图像进行相似度计算，最大相似度所对应的人即为识别结果。

图 3-28 是同一张测试人脸图像 ASIFT 匹配识别失败的示例，每一对图左侧是 PU +22° 真实的测试人脸，右侧是根据姿态估计得到的角度对应旋转后的虚拟人脸，图 3-28（a）为类内图像匹配，图 3-28（b）、（c）为类间图像匹配。通过图 3-28（b）、（c）可以看出，类间的匹配点数也很多，多为误匹配点。

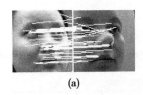 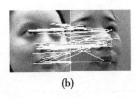 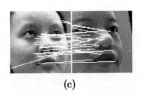

(a)　　　　　　　　(b)　　　　　　　　(c)

图 3-28　ASIFT 人脸特征匹配识别失败示例

图 3-29 是同一张测试人脸图像 ASIFT 匹配识别成功的示例，每一对图左侧是 PM +30° 真实人脸，右侧是对测试人脸进行姿态估计后旋转相应角度得到的虚拟人脸，图 3-29（a）为类内图像匹配，图 3-29（b）、（c）为类间图像匹配。通过图 3-29 可以看出，成功识别出来的 ASIFT 匹配情况是类内的匹配点数非常多，类间的匹配点数相对较少。

本节针对非正面姿态下人脸识别算法的一些局限性，讨论了一种基于 3D 模型生成多姿态虚拟视图的人脸识别方法。首先，通过姿态估计姿态变化角度，并利用 3DMM 模型拟合人脸，旋转模型得到新的虚拟视图人脸。之后用 ASIFT 提取人脸特征进行匹配的方法进行识

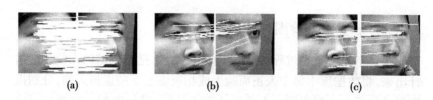

图 3-29　ASIFT 人脸特征匹配识别成功示例

别。当测试图像与注册图像生成的虚拟人脸类内相似度最高时,则认为识别成功,反之则不成功。

第4章 人脸表情识别

4.1 人脸表情识别的研究意义

在人类的社会活动中,信息的传递和情感的表达主要是通过自然语言和形体语言来完成的,形体语言指的是通过表情、手势等身体部位的动作来传达主体思想和情感的一种语言。而形体语言中最具代表的是面部表情,面部表情不但可以表现出主体的情绪状态,还能传达主体的思想意图,因此面部表情是人与人之间进行沟通交流的一种有效方式。人脸表情识别是人脸识别的延伸研究领域,引起了人工智能领域的广泛关注,形成了一个独立的研究方向。人脸表情识别作为智能情感识别的一个重要组成,在人际交流中扮演着非常重要的角色,赋予机器情感也符合人工智能的发展宗旨,人机交互能够更加地和谐自然必然是未来的趋势。心理学家 Mehrabiadu 的研究表明,人类的情感信息及通过语言、声音传递的信息分别只占7%和38%,而面部表情表达则高达55%。所以,人脸表情识别是情感计算非常关键的组成。

人脸表情识别是指计算机以人的视角,即以人的思维方式和认知,对提取的人脸表情图像特征进行分类,以此利用脸部特征信息来分析和理解人的情感,比如高兴、悲伤、惊讶和中性等,从而完成表情识别的技术统称。从技术角度来看,人脸表情识别技术的定义是指利用计算机自动提取人脸表情特征,并对其情感状态分类的过程。表情识别技术使得计算机可以根据人脸面部表情特征信息,自动推测出主体内心情感状态,从而完成人机智能交互。人脸表情识别为人类的情感计算提供了重要的研究基础,同时在心理学、机器人研究、图像理解、虚拟现实技术和人机交互等领域,也有着非常重要的研究价值。因此,对人脸表情识别进行研究,不仅具有较好的理论意义而且具有重要的实际应用价值。

人脸表情识别技术作为一门图像信号处理、心理学科、生理学科、模式识别和人工智能等相关领域的交叉学科,目前主要被应用于安全、医疗、交通、通信以及人工智能等相关领域。例如:通过人脸表情识别技术对机场、火车站、地铁站等公共安全场所进行全天候监测,可有效预测和预防公共场所的突发事件;通过人脸表情识别技术实时监测驾驶员情绪状态,可有效预防驾驶员出现疲劳驾驶、酒驾等状态并及时提醒,从源头上降低交通事故发生的可能性;通过人脸表情识别技术实时监测病患者的面部表情变化,不仅能判断出一些不能言语的病患者的情感状态,还能避免一些人为的致痛性操作给病患者带来的痛苦,并及时改善护理质量,特别是在新生儿领域,对新生儿的病情预测与治疗提供依据,可以发挥极大的医护作用。人脸表情识别技术主要的应用领域如下:

(1)公共安全管控。公共安全一直都是国家和政府公共事务管理的重要职责之一,具体是指国家和政府要保证公民所处的生活、工作、学习、娱乐场所的稳定性、秩序性和安全性,这既是社会公共利益的要求也是公民个人权利的要求。现实情况中,受宗教信仰、制度改革、收入差距、犯罪牟利等各种因素影响,各国公共安全问题突出,建立什么样的安全防范体系,进行有效管控和预防,确保社会的安定与安全成为现实难题。在社会公共区域,利用视频分析技术,实现多目标跟踪与表情分析,及时识别公共环境中的潜在危险,根据损失预防和犯罪预防建立相应的警戒防范系统,是维护公众安全与公共利益的有效方法。如公共区域实时视频巡检,发现情绪波动对象,给予危险级别警示,提前排除隐患和做好防范;危险发生时,进行区域内人脸情绪分析,锁定并跟踪犯罪分子;识别幼儿情绪变化,辨别是否存在诱拐行为,及时保护无行为能力的人。

(2)汽车驾驶辅助。随着经济的快速发展,汽车已成为众多居民日常代步的常用工具,汽车带给我们生活的改变和生活质量的提高,也带来了很多死亡和伤害。随着机动车数量猛增,因交通事故导致的死亡人数呈现逐年增加趋势。在汽车驾驶过程中,智能驾驶辅助系统可以采集驾驶环境和驾驶人的信息,分析道路情况、驾驶人状态有助于减少交通事故,如通过面部表情分析系统识别分析驾驶人的面部表情(眼睛注视方向、眼睛闭合频率、眼角形状)判断驾驶人是否疲劳驾驶,自动报警提示驾驶人休息;通过情绪分析系统采集分析驾驶人声音的语速、面部表情等判断是否酒后驾驶,进入网络在交警系统自动报警。

(3)欺诈行为分析。在真诚交往,建立和谐社会,实现中国梦的过程中,也存在很多欺诈行为。如何辨别社会人际事务中的真与假,是步入社会的第一堂课,也是强化约束力,构建社会诚信体系的重要内容。人类内心活动的外在表现形式多样,语言、表情、姿态是最常见的表达方式,犯罪心理学的研究证明识别谎言过程中,表情信息比语言信息更稳定、更可靠,训练有素的欺诈者在欺诈时,可以有效地控制自己的语言和肢体动作,但是由于神经系统的特性,其无法控制自己的微表情,在高清高速摄像设备下这些微表情可以暴露其真实的情绪状态。美国FBI必修课程就包含了犯罪心理学、微表情分析等课程,通过设备辅助掌握怎样读懂面部表情,为办案提供各类有效帮助。

(4)残疾人生活辅助。残疾人是社会的一员,国家和社会有责任和义务保证其基本权益,并为其正常生活提供相应的环境支持。据中国残联官方发布的统计数据显示,截至2015年初,各类残疾人总数已达8 500万,约占总人口比例的6.21%(2015年1月,国家统计局官网信息)。由于身体障碍,残疾人在工作、学习、娱乐社交等各种生活场景中都会遇到各种问题,会出现行动不变,难以理解别人,难以与人正常沟通等情况。利用智能化表情识别系统,可以克服一些障碍,提升残疾人与正常人之间的人际互动,促进交流沟通的便利,从而提高残疾人的生活质量。如对于听说能力障碍者,通过表情识别辅助系统的帮助,了解面部表情AU结构,有助于唇语学习者能够更快更准确地理解说话者意图;对于视觉有障碍者,表情分析系统可提供更多视觉上的参考与辅助。

总之,人脸表情自动识别技术作为一种非接触式的生物鉴别技术从应用层面而言,具有广泛的生活应用场景、潜在的市场需求;从科学技术层面而言是人机无障碍交流的关键技术,是机器智能的起点,是人工智能领域具有重要研究价值的一项课题。不过值得注意的是,这些应用领域对人脸表情识别的实时性和可靠性都有很高的要求。随着计算机的硬件及并行运算能力的高速发展,实时性问题能得到很好的解决,如何提高识别的准确率才是当前的主要工作。能实现准确高效的实时识别对人机交互的实现有着极大的实践与推进意义。因此,在充分考虑人脸表情识别重要的理论研究价值、实际应用价值及未来的市场空间前提下,有理由相信人脸表情识别技术是一个研究热点,并推动着人工智能的进一步发展。

4.2 人脸表情识别的研究及应用现状

1872 年,Darwin 在他的著作《论人类和动物的表情(The Expression of the Emotions in Animals and Man)》中首次提到了面部表情,并且通过试验数据证明,人类表情和动物表情具有一致性与连贯性[49];1971 年,心理学专家 Friesen 等针对人脸面部表情的变化,定义了 6 种基本面部表情,分别是高兴、愤怒、恐惧、悲伤、厌恶和惊讶,该划分方式得到国内外专家的一致认同,为之后的表情识别工作奠定了基础[50];1978 年,Ekman 等提出了面部动作编码系统(Facial Action Coding System, FACS),该系统根据面部肌肉及其运动特征定义了 44 种基本运动单元(Action Unit, AU),将人脸面部的 6 种表情分解到各个运动单元上,并通过分析面部运动单元的变化状态来检测人脸面部表情的细微变化[51]。

现阶段世界各地的多家科研机构对人脸表情识别技术做出了很多新贡献。2004 年,美国卡内基梅隆大学的视觉和自动化中心研究出的自动人脸图像分析系统(Automated Facial Image Analysis, AFA)[52],可以通过人脸运动单元的识别,来分析某时段的人脸面部表情行为;2007 年,美国麻省理工大学多媒体实验室开发了一种智能机器人,该机器人不但可以实现人脸面部表情的识别,还可以根据该表情做出相应的回应;美国加利福尼亚大学开发出一种新的系统,该系统通过监测受试者观看视频时的人脸表情变化,分析出用户是否想要快进或慢放,继而做出相应操作;日本 ATR 媒体信息科学实验室收集整理了 10 位女性 7 种不同情感的正面表情照,建立 Jaffe 表情数据库,并提出了两种新的基于几何特征的面部表情识别方法[53,54]。

国内关于人脸表情识别方面的研究,最早开始于清华大学、中国科学技术大学、哈尔滨工业大学、东南大学、南京理工大学及南京邮电大学等高校的研究机构。1997 年,第一次将人脸表情识别技术引入我国的是哈尔滨工业大学的高文教授等;2003 年,北京科技大学的王志良教授带领他的研究小组,第一次将人脸识别技术应用在智能机器人的情感控制研究方面;2004 年,东南大学的郑文明教授首次提出基于典型相关分析等识别算法,并在此基础上研发了人脸表情实时识别系统[55];2005 年,北京召开首届国际情感分析及智能交互学术论坛会议,国内外许多心理学科与模式识别领域的专家参会,共同探讨与商议人脸表情识别的未来发展前景及问题;2006 年,国家自然科学基金委员会正式对人脸表情识别技术立项,表情识别技术的研究热潮被进一步推动。

一般机器学习方法在人脸表情上是基于小样本面部表情的纹理特征来进行识别分类的,没有充分利用当前的大数据环境,造成算法未能深度、充分学习人脸面部表情的内在特征信息。深度学习作为一个新的方向,出现在机器学习领域是极具变革意义的。其核心在于利用当前的大数据,建立模拟人脑学习行为的神经网络,来模仿人脑机制解释分析数据。目前,深度学习方法已经被成功地应用在语音处理、文本学习、图像识别和表情识别等方面,采用深度学习进行人脸面部表情识别是未来的研究方向和发展趋势。

2012 年,Hinton 等在 ImageNet ILSVR 挑战图像分类任务中,首次采用深度学习中卷积神经网络 AlexNet 将测试错误率降低了 9%,达到 15.3%,并赢得 ImageNet 图像识别大赛冠军[56]。而传统计算机视觉方法当时最低的错误率为 26.17%,深度神经网络的应用在图像识别技术方面有了突破性进展。同年,谷歌"Google X"实验室的"谷歌大脑"项目里,Andrew Ng 等用 16 000 台相互连接的计算机构建一个大型的具备自主学习能力的神经网络,模仿人类大脑的工作原理,让该系统观看学习 YouTube 网站上关于猫的相关素材,经过为时一周的充分学习训练,最终该系统成功地学会如何从图片中自主识别到猫[57]。

2013 年,Y. Kim 等将深度学习应用于视听系统的情感分析,提出了一套基于深度置信网络的模型,经过评估表明该模型可以改善表情分类的最终性能[58]。

2014 年,微软研究院在其"Adam"项目展示发布会上,Adam 精确地识别出现场牵上台 3 只小狗的品种。对比于先前谷歌公司的水平,其不仅可以识别出狗,还可以进一步识别狗所属的种类[59]。

2014 年,Y. Liu 等首次提出一种基于光流和堆叠稀疏自编码器(Sparse Autoencoder,SAE)相结合的算法,该算法可以对视频图像序列进行实时有效的分析,并且能减少由于个体差异所导致面部表情识别的影响[60]。同年,P. Liu 等结合深度学习方法与 Adaboost 方法,提出一种可以有效地表征相关面部外观变化的新框架[61]。在进行人脸特征点检测及表情识别方面,T. Devries 等提出一种多任务深度神经网络结构[62]。

2015 年,南京邮电大学图像领域的卢官明教授所在的新生儿疼痛表情识别课题组,从最初数据采集到最终实践应用,都进行了全面的深入研究。该课题组前后相继研究了 LBP、Gabor 小波变换、稀疏表示等特征提取算法,并在其基础上进行算法的改进,取得一定的试验效果[63]。目前,该课题组正在尝试引入深度学习方法来进行新生儿疼痛表情识别工作,其最终识别效果还是值得期待的。

2017 年,东南大学的唐传高等参加了表情识别领域的竞赛:The FG 2017 Facial Expression Recognition and Analysis Challenge,并以一篇基于深度学习算法的论文在竞赛中获得了冠军。

国内外在人脸表情识别的实际应用方面主要取得了以下成果:1996 年,由东京理科大学研发的智能机器人 AHI,能够分辨人类的一些行为,通过对分辨出的行为进行分析处理,从而能够做出与之相应的表情。2001 年,美国麻省理工大学开发了一种名为 Kismet 的机器人,他是第一个有人类感情的机器人,能够对微笑和扬眉等表情进行识别,并做出回应,如图 4-1(a)所示。2004 年,美国卡内基梅隆大学的视觉和自动化中心研发了自动人脸图像分析系统(Automated Facial Image Analysis，AFA)，可以对人脸运动单元进行识别，从而分析出某时段的人脸面部表情行为。2009年，东京理科大学设计的仿人机器人SAYA，已经达到了在实际中使用的水平，如图4-1(b)所示。

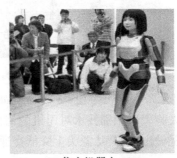

(a) 情感机器人 Kismet　　　　　　(b) 仿人机器人 SAYA

图4-1　情感机器人

2010年，在上海世博会上，日本佳能公司展出了可以识别笑脸的概念照相机，从侧面印证了人脸表情识别技术具有良好的应用前景。同年，华为公司申请了一项专利，该专利主要是通过分析视频中人脸嘴部的变化来判定视频中是否出现了笑脸。

2015年，微软研究院研发了一种人脸表情识别系统，允许用户上传照片，并反馈给用户"高兴""惊讶"等识别结果。同年，杭州热知科技开发的表情识别技术，可广泛应用于数码相机、游戏、广告等行业，并在笑脸启动自动拍摄和多媒体广告用户分析等方面具有广泛的应用。

2017年，苹果公司在iPhone X手机的Face ID中推出了一种新功能，即可以在Face ID中创建自己想要的3D表情，同时还可以在所创iMessage中进行发送。同年，诺达思公司开发了面部表情分析系统FaceReader，如图4-2所示。该系统能够识别7种基本表情：高兴、悲伤、生气、惊讶等，并能对用户的情绪变化信息进行反馈，由此将其运用于广告效果评估、消费者研究等领域中。

在一些其他应用方面，利用人脸表情识别技术对机场、火车站、地铁站等公共场所进行监测，可有效预防公共场所突发事件的发生。通

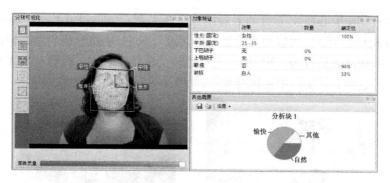

图 4-2　FaceReader 面部表情分析系统

过人脸表情识别技术对司机的情感状态进行监测,可以及时地对异常状况做出提醒,从源头上降低交通事故的发生。

4.3　人脸表情识别的难点分析

人脸表情识别从最初的生理学、心理学研究展开,目前延伸到图像处理、认知科学、模式识别、机器学习、人工智能等多个学科相结合交叉研究。当前,国内外研究者从特征提取和分类器设计方面进行研究,并提出基于全局特征、局部特征、梯度特征、模板特征等方法。随着算法理论和硬件运算能力的提升,部分成果已用于公共安全、远程教育、犯罪分析等实践领域。但是,由于人脸表情具有高维、非刚性、多尺度变化、易受光照和角度影响等特点,通过计算机获取面部表情图像或视频,分析面部形态和变化来准确获得对象的情绪变化相当困难,主要存在算法精度和算法鲁棒性问题,经分析主要有以下原因:

(1)浅层特征模型,信息丢失制约识别准确性。

在传统浅层模型中,特征提取与分类器设计是分离的,在提取到良好特征的同时须选择合适的分类器才有好的性能,任何一步的效果将影响整体的性能。现如今视频技术在各个行业得到广泛应用,每天都有大量的视频数据可以用于分析,为表情分析提供了充足的视频源。伴随硬件技术的发展,视频的清晰程度也得到极大的提高,信息维度也越来越高。面对图像数据的高维和非线性特征,传统基于全局特征、局部特征、梯度特征、模板特征的特征方法,丢弃大量信息实现降维,有效地解决了人脸图像维度灾难问题,但同时导致有效识别特征信息的大量丢失,制约了识别精度。鉴于浅层模型单一特征表示存在信息丢失缺陷,研究者从多核、多特征等方向思考,采用不同的融合方式进行性能研究。从研究结果来看,算法获得一定提升,但多核或者多种方法结合致使算法复杂度增加,模型训练较为困难。

现有浅层特征提取模型有效地解决了图像维度灾难问题,但同时导致有效鉴别特征信息的大量丢失,从而制约识别精度;以多特征融合、多尺度提取、多分类器结合等方式提升算法精度存在局限性,算法提升效果有限。

(2)应用场景复杂,受环境因素影响鲁棒性差。

当前人脸面部表情的识别研究工作还处于探索阶段,很多算法试验对象来自于标准的表情数据库,具有背景单一、光照均匀、面部无遮挡且图像数量有限等条件的正面人脸表情图像,往往存在试验算法在标准条件下识别精度很高,但当应用到自然场景时,算法识别精度快速下降。自然场景下表情图像的采集主要存在以下特点:

①标准数据库一般是标准的正面照,而自然场景下表情图像存在光照变化、姿态倾斜、物品遮挡等实际情况;

②存在头发、眼镜、口罩、帽子等造成面部局部遮挡;

③浅层模型可以很快地进行参数学习和分类识别,面对大样本数据时数据提供的信息量没有得到充分学习。

以往研究中采集的样本存在图像数据维度高,样本量小等缺点,由此建立的表情模型无法有效地刻画人类表情实质。当前技术和经济成本发展,使研究者可以获取大量的表情数据,提取大样本数据的先验知识,有利于模型鲁棒性的提高。研究鲁棒性更强的算法是应用到自然场景的技术关键,要求当前研究者需要不断提升研究数据库对象。

应用场景多样且复杂,生成的数字图像与视频容易受到角度、姿态、光照、遮挡、多尺度等因素影响,引起算法识别结果波动很大,鲁棒性不高;场景的多样复杂性和数据样本的大数据特性,要求建立复杂空间的识别模型,后验数据信息更新知识才能提升算法鲁棒性。

（3）动态模型较少，序列信息缺乏有效利用。

随着大量视频应用的发展和视频硬件能力的提升，基于视频的动态表情识别研究成为一种时代需求，如何利用动态表情图像序列分析方法来解决实时表情分析成为当前视频应用的迫切问题。自然场景下影响表情图像的因素较为复杂，传统的动态识别模型较少，且具有相应的局限性，有必要进一步开展基于序列信息的表情识别研究，从而克服静态识别方法应用到动态场景下识别率低的问题和现有动态方法计算复杂难以应用的问题。动态表情研究主要存在以下特点：

①现有动态表情识别算法带有理想的假设条件，算法运算较为复杂，进行实时应用困难；

②自然场景干扰因素较多，图像的尺度变化、视频的抖动、雾气模糊等现象出现可能性和频率都极大，现有算法应用存在鲁棒性差的问题；

③序列图像处理实时性要求极高，现有算法往往实时性和鲁棒性不能兼顾，实时性的保障往往采取牺牲性能的方式来实现。

现有的静态图像算法应用到自然场景中，缺乏对动态序列信息的有效利用，因此算法鲁棒性降低；基于动态表情图像序列的模型较少，且算法较为复杂，假设条件较多，应用效果有待改善。

4.4　人脸表情数据库简介

随着人脸表情受到越来越多研究者的重视，国际上建立了多个标准的人脸表情图像，用于评判计算机识别算法的优劣。目前，国内外现有的人脸表情数据库主要分为两类，一类为静态图像组成的人脸表情数据库，如 JAFFE；另一类为视频或从视频帧提取的表情动态图像序列组成的人脸表情数据库，如 CK +、AFEW 6.0、Yale Face、CAS – PEAL等。

下面分别来介绍以上几个人脸表情数据库。

4.4.1　JAFFE 数据库

1998 年，日本 Michael Lyons 团队在九州大学心理学系研究建立了

JAFFE（The Japanese Female Facial Expression Database，JAFFE）数据库[53]，该数据库包括了213幅当地女性的面部表情图像，每幅图像的分辨率达到了256×256像素。数据库中共有10名被试者，每名被试者采集7种表情（高兴、悲伤、愤怒、厌恶、惊讶、恐惧、中性）。

在试验环境下，被试者根据研究者的指示做出相应的面部表情，通过正面的照相机拍摄采集数据的。试验的光照均为正面光照，但光照强度略有差异，研究者把原始图像重新修剪和调整，使得被试者脸部尺寸大体一致，眼睛位于人脸库图像中的位置基本相同。如图4-3所示为JAFFE数据库的表情图像。

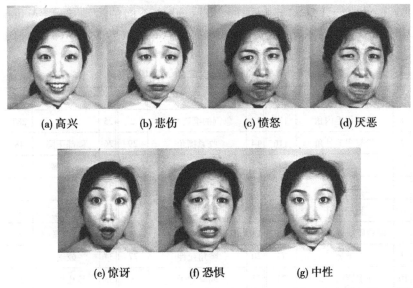

图4-3　JAFFE数据库人脸表情图像

4.4.2　CK＋数据库

2010年，美国卡内基梅隆大学机器人研究所的Patrick Lucey团队联合匹兹堡大学心理学系的Zara Ambadar团队共同研究建立了CK＋（The Extended Cohn‐Kanade Dataset）数据库[64]。该数据库是CK（Cohn‐Kanade Dataset）数据库的扩展，增加了26个受试者和107个图像序列,总计 123 个被试者,593 个图像序列。每个图像序列包括若干张面部表情图像,这些图像从起始(onset)标签(中性表情)渐变到最高峰(apex)标签(完全达到一个表情)。在这 593 个图像序列中,其中327 个图像序列拥有表情标签,每一个序列都被分配为 7 种表情标签(愤怒、蔑视、厌恶、恐惧、高兴、悲伤和惊讶)其中的一种。

在该数据库中,被试者年龄从 18 岁到 50 岁不等,女性占 69%,其中,81% 的被试者来自欧美,13% 的被试者来自美国黑人,其他的 6%的被试者来其他群体。数据采集过程中,两台同步的摄像机记录了被试者的面部表情,这些面部表情经面部运动编码系统(FacialAction Coding System,FACS)进行编码,采取 30 个不同的运动单元(Action Units, AUs)来表征表情的细微变化[65]。CK + 数据库的 AUs 编码如表 4-1 所示。

表 4-1　CK + 数据库的 AUs 编码

AU	描述	数量	AU	描述	数量	AU	描述	数量
1	抬起眉毛内角	173	13	急剧的嘴唇拉动	2	25	张嘴	287
2	抬起眉毛外角	116	14	收紧嘴角	29	26	颌部下降	48
4	皱眉	191	15	拉动嘴角向下倾斜	89	27	拉伸嘴	81
5	上眼睑上升	102	16	拉动下唇向下	24	28	吸唇	1
6	脸颊提升	122	17	推动下唇向上	196	29	推下巴	1
7	眼轮匝肌内圈收紧	119	18	撅嘴	9	31	下颌部紧咬	3
9	皱鼻	74	20	嘴角拉伸	77	34	鼓气	1
10	拉动嘴唇向上运动	21	21	绷紧脖子	3	38	鼻孔扩张	29
11	拉动人中的皮肤向上	33	23	收紧嘴唇	59	39	鼻孔收缩	16
12	拉动嘴角倾斜向上	111	24	嘴唇相互按压	57	43	闭眼	9

研究者首先将 FACS 编码与表情预测表严格比较,然后根据表 4-2 所给出的要求评估必要的 AUs 有无缺失,最后感性判断是否与目标情感一致。经过上述三个步骤,该数据库中的 327 个图像序列满足要求,贴上了表情标签,每种表情的图像序列分布如表 4-3 所示。

表 4-2   面部运动单元的情感描述术语

表情	标准
愤怒	AU23 和 AU24 必须存在 AU 组合里
蔑视	AU14 必须存在(单侧或者双侧)
厌恶	AU9 或者 AU10 必须存在
恐惧	组合 AU1 + 2 + 4 必须存在;除非 AU5 强度是 E,AU4 可以缺席
高兴	AU12 必须存在
悲伤	AU1 + 4 + 15 或者 AU11 必须存在,一个特例是 AU6 + 15
惊讶	AU1 + 2 或者 AU5 必须存在,而且 AU5 强度不得大于 B

表 4-3   CK + 数据库的图像序列分布

表情	数量
愤怒	45
蔑视	18
厌恶	59
恐惧	25
高兴	69
悲伤	28
惊讶	83

CK + 数据库的人脸表情实例如图 4-4 所示。上面一行的图像选取于 CK 库,下面一行的图像来源于 CK + 库的扩展数据。所有的 8 种表情和 30 个 AUs 数据库中都是存在的。实例图像图 4-4 的表情标签和 AUs 标签如下:

(a)厌恶 – AU 1 + 4 + 15 + 17,　　(b)高兴 – AU 6 + 12 + 25,

(c)惊讶 – AU 1 + 2 + 5 + 25 + 27,　(d)恐惧 – AU 1 + 4 + 7 + 20,

(e)愤怒 – AU 4 + 5 + 15 + 17,　　(f)蔑视 – AU 14,

(g)悲伤 – AU 1 + 2 + 4 + 15 + 17,　(h)中性 – AU 0。

(a) 厌恶　　　　(b) 高兴　　　　(c) 惊讶　　　　(d) 恐惧

(e) 愤怒　　　　(f) 蔑视　　　　(g) 悲伤　　　　(h) 中性

图 4-4　CK + 数据库的人脸表情图像

4.4.3　AFEW 6.0 数据库

AFEW 6.0 数据库[66]用作 Emotion Recognition In The Wild Challenge 2016 的比赛库。该数据库包括一些视频剪辑,从真实的电影和真人秀中截取,这些剪辑中的角色都具有明显的自发的表情。其中训练集、验证集和测试集分别包括 773、383 和 593 个视频样本。这个数据库的不同之处在于,这些表情图像的场景"in the wild , not in the lab",即这些图像都来源于现实生活中,不受条件控制,比如照明条件、背景情况(室内/室外)、头部运动程度的不同,多人同时出现在剪辑画面里,表情是自发的。如图 4-5 所示为 AFEW 6.0 数据库的人脸表情图像。

4.4.4　Yale Face 表情数据库

Yale Face 数据库由美国耶鲁大学计算机视觉与控制中心建立,该数据库包括光照、表情、姿态的变化,采集 14 位男性,1 位女性,每人 11 幅在不同装束下(戴眼镜、遮挡眼睛、闭眼)的不同表情,共 165 幅,图像统一大小为 100×100。该数据库的姿态变化人脸图像在第 3 章已做介绍,图 4-6 为 Yale Face 表情数据库的人脸表情图像。

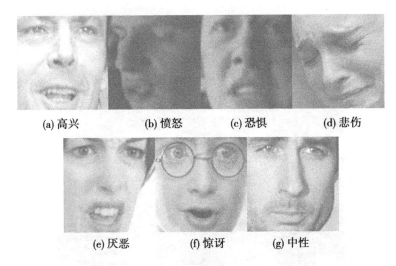

(a) 高兴   (b) 愤怒   (c) 恐惧   (d) 悲伤

(e) 厌恶   (f) 惊讶   (g) 中性

图 4-5   AFEW 6.0 数据库的人脸表情图像

图 4-6   Yale Face 数据库的人脸表情图像

4.4.5　CAS – PEAL 表情数据库

　　CAS – PEAL 人脸数据库由中国科学院高级计算机与通信技术联合研发实验室(CAS)在中国高科技(863)计划和 ISVISION 技术支持下建成。CAS – PEAL 面部数据库包含了 1 040 个人(595 名男性和 445 名女性)的不同姿势、表情、饰物和光照的 99 594 张图像。CAS – PEAL 人脸数据库的多姿态人脸图像在第 3 章已做介绍,CAS – PEAL – R1 子集中的 6 种不同表情的人脸图像如图 4-7 所示,分别是张口、皱眉、闭眼、微笑、惊讶和中性 6 种表情。

　　上面具体介绍了五种常用的表情数据库,还有很多大学也建立了自己的表情数据库,如:美国卡内基梅隆大学(CMU)的 PIE 人脸数据库、英国斯特灵大学的 Pain 人脸表情数据库、韩国浦项科技大学的

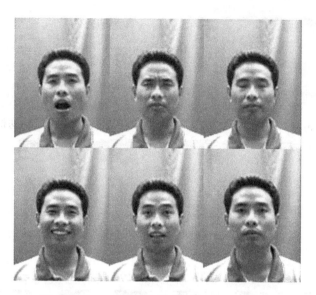

图 4-7　CAS - PEAL 数据库表情测试样本图像

PF01 人脸数据库、英国剑桥大学的 ORL 人脸数据库、中国北京航空航天大学毛峡教授创建的 BHU 人脸表情数据库等。

4.5　人脸表情识别中的关键技术

　　人脸表情识别本质上是归属机器学习及模式识别等相关领域,机器学习及模式识别的算法可以应用于人脸表情识别中。从机器学习算法角度来看,可以将人脸表情识别的算法实现划分为人脸检测及预处理、表情特征提取、表情特征分类三大步骤[67],其具体流程如图 4-8 所示。

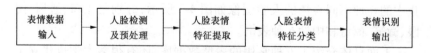

图 4-8　人脸表情识别流程

　　人脸检测及预处理:首先,从各种不同的应用场景采集数据信息到本地;其次,采用人脸检测算法对采集的数据进行人脸定位和检测,并将其从原始图像里分割出来;最后,对检测出的人脸面部图像进行数据预处理,主要是对图像尺度和灰度归一化等。该操作的目的是改善图像质量,消除噪声影响并统一图像尺寸等属性,使优化后的图像便于后续图像特征提取的实现。

人脸表情特征提取:在完成人脸检测及数据预处理后,最重要的一步就是对人脸图像进行表情特征提取,表情特征提取的好坏会直接影响后续表情分类的效果。因此,良好的特征必须能够体现表情最本质的特点,并对不同表情具有较好的区分性、较强的鲁棒性、不易受外部因素影响等。特征提取后,有时还需要进行特征降维和特征分解,也就是用低维度特征表征高维度特征。

人脸表情特征分类:采用合适的模式识别分类方法,将提取到的表情特征映射到相应的表情标签,从而输出人脸表情图像所属的表情类别。优秀的特征分类方法对最终的识别结果的影响至关重要。

4.5.1 人脸表情的预处理

4.5.1.1 人脸检测

常规采集到的人脸表情图像包含了干扰噪声,而且非人脸部分占据了表情图像的很大一部分,这会影响到后续试验中的表情特征提取过程,可能会引入非表情特征的干扰,不利于分类识别,所以先对图像进行人脸检测处理。

人脸检测旨在确定输入图像中存在的所有人脸的位置和大小。近年来,大量的人脸检测算法涌现出来,2001 年,Paul Viola 团队提出了Adaboost 算法,实现了实时的人脸检测过程,解决了检测速度慢的问题,而且识别效果较好。

Adaboost 人脸检测的基本框架是首先对输入训练集进行训练,提取不同的 Haar 特征,这些特征最能代表人脸的信息;接着这些 Haar 特征生成相应的弱分类器,再通过 Adaboost 算法从中选取训练过程中表现优异的弱分类器来构造强分类器,这些强分类器最后通过某种结构组合起来,构成级联结构的层叠分类器,这种结构有利于提高分类检测的速度。

使用 Open CV 中的自带的 Adaboost 人脸检测算法，对 CK + 数据库中的样本进行人脸检测，得到如图 4-9 所示的人脸检测处理后的实例图像。从人脸检测预处理后的图像可以看出，日期信息不存在了，而且只保留了从额头到下巴最能表征人脸表情变化的脸部部位的信息。

图 4-9　人脸检测后的样本图像

4.5.1.2　数据集扩增

对于深度学习来说，数据的训练过程至关重要，更多的数据意味着可以用更多的样本去训练更深的网络，得到更好的训练模型。如果去采集更多的数据，这将是一个耗时、耗力的巨大工程，而且效率还不高。所以，可以对原始图像稍作变换，得到新的图像来扩增数据集，实践证明，这种方法是简单且有效的。数据集扩增（data augmentation）通常有两种方法，一种是 crop，一种是基于原始图像的几何变换。

crop 即是裁剪，将原始图像裁剪为 N 个 crop_size × crop_size 大小的图片块，这样原始的数据集的数量就扩增了 N 倍，策略是在网络的训练阶段采取随机裁剪，在网络的测试阶段采取从边角和中间裁剪。

基于原始图像的几何变换，对训练集中的每幅表情图像做了如下变换：

随机旋转 rotation_ range = 0.2

水平平移 width_shift_range = 0.2

垂直平移 height_shift_range = 0.2

水平或垂直投影变换 shear_ range = 0.2

水平翻转 horizontal_ flip = True

像素填充 fill_mode = 'nearest'

经过上述的几何变换后,每个样本生成 20 张不同的变换样本,训练集的样本数扩增了 20 倍。

4.5.1.3 归一化

人脸图像之所以在训练前先进行归一化,是因为这样处理后的图像对光照强度、姿势等不同的成像条件具有一致性。人脸归一化包括几何归一化和灰度归一化,而几何归一化又包含尺度归一化、歪头矫正和扭脸矫正。其中,尺度归一化是为了对数据集样本统一分辨率大小,从而满足本文试验网络对输入的要求;灰度归一化主要针对图像采集时光照强度和光源方向的差异进行补偿,以减弱单纯由于光照条件而造成的图像质量的影响。图 4-10 给出了 CK + 数据库经过人脸检测、灰度归一化和尺度归一化后的人脸表情图像。

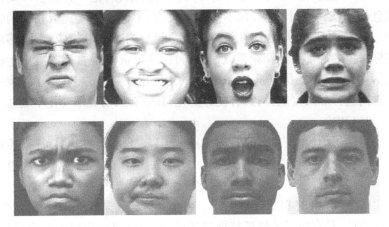

图 4-10　归一化后的人脸表情图像

4.5.2　人脸表情的特征提取

如何对人脸表情特征进行有效描述,如何获取人脸表情关键的区分特征是人脸表情识别系统中最重要的步骤,直接影响到后期分类器的训练和整体识别系统的性能。表情特征的表示与提取就是将表情图像从一个高维特征向量变换为一个低维的、具有较大判别信息的向量,新的特征向量和原图像互为表示,损失信息尽可能少。一般来讲,新的特征需要具备以下特点:具有较低的数据维度,并能较好地体现人脸表情的本质特征,相比原图像尽可能减少损失信息;图像关键特征向量易于计算,方便把人脸表情图像快速转换为特征向量;新生成的人脸表情特征向量体现数据的关联关系和结构,方便进行分类器训练;方便发现潜在的人脸图像数据间的关系,从而实现对人脸表情类别信息的理解。

人脸表情特征提取对象一般分为静态图像和动态序列图像,本节对几种人脸表情特征提取研究进行简要介绍。

4.5.2.1　基于局部纹理的特征提取方法

1）Gabor

Gabor 变换是一种局部频率信息描述方法。1946 年,D. Gabor 提出 Gabor 变换,在 Fourier 变换窗口加上时间依赖,是一种为获取局部信息的加窗傅里叶变换,在不同频域尺度、不同方向上提取相关的特征。Gabor 变换和人类大脑视觉细胞的刺激响应非常相像,重点感应目标对象的局部空间和频率域信息特性。Gabor 变换被广泛应用于视觉信息处理,主要优点是:具有良好的边缘敏感特性,能够描述图像边缘方向选择和尺度选择;具有良好的光照适应性,对光照变化不敏感。

2）LBP

局部二值模式(Local Binary Patterns,LBP)是一种局部特征描述算子,具有很强的纹理信息描述能力,方便度量和提取图像局部纹理信息,且对光照具有不变性。一些研究者研究并改进了 LBP 性能,形成了很多变种,如 CLBP、LBPHF 等。由于其算法复杂度低,消耗内存小,原理简单,具有较强的纹理特征描述能力,LBP 成功应用于人脸检测、唇语识别、表情检测、动态纹理等领域。LBP 特征也被用于面部表情识别,基本原理大致相同:分割图片为小区域,一般为标准的滑动窗口;然后生成每个点的 LBP 特征,在小区域内统计生成 LBP 统计直方图。

3) Haar

Haar 是一种局部特征描述工具,结合全局信息统计积分图,常用于进行人脸表示与识别。Viola 和 Jones 提出 3 种类型 4 种形式的基本特征,研究者对其进行了扩展研究。基本的 Haar 特征分为:边缘特征、线性特征和对角特征三种类型,三种基本特征组合成特征模板。特征模板内有固定的白色和黑色两种矩形,模板特征值表示为白色矩形像素和减去黑色矩形像素和。通过在图像窗口上改变特征模板的大小和位置,可形成大量的特征表示,从而实现图像特征描述。基本 Haar – like 特征图示见图 4-11。

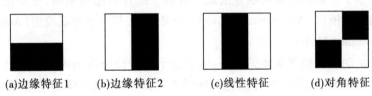

(a)边缘特征1　　(b)边缘特征2　　(c)线性特征　　(d)对角特征

图 4-11　基本 Haar – like 特征图示

4.5.2.2　基于梯度特征的特征提取方法

1) HOG

方向梯度直方图(Histogram of Oriented Gradient, HOG)特征是一种常用于物体检测、对象跟踪的特征描述算子。基本思想是对目标的局部表象和形状可用梯度或边缘方向密度的分布来描述。具体实施方法是:对样本图像进行区域化分割,对分割的每个单元内元素进行梯度与方向描述,然后在单元内统计形成局部的梯度方向直方图,所有单元特征连接形成物体特征。因 HOG 特征建立在局部单元统计上,具备局部几何和光学不变性。在实际应用中,HOG 常用于物体检测,特别是人体检测。获取物体的 HOG 特征,然后利用 SVM、决策树、Adaboost 等分类器进行分类。

2）SIFT

尺度不变特征变换（Scale – Invariant Feature Transform，SIFT）是基于物体关键点的梯度大小、梯度方向的一种局部描述算法。该算法具有尺度不变性，常用于图像处理领域。算法实施方法是：在不同的尺度空间上查找关键点（特征点），通过计算出物体梯度和方向，用于进行关键点描述。SIFT算法建立在多尺度模式下，获得的关键点具有很好的局部特征，对物体尺度变化、视角变化、仿射变换、噪声等影响下算子描述具有稳定性。而且算子信息含量大，能较好地表达物体的区分特性。

4.5.2.3　基于模板的特征提取方法

基于模板的特征提取方法是一种基于统计思想的模型，主要包含主动形状模型（Active Shape Model，ASM）算法和主动外观模型（Active Appearance Model，AAM）算法。

主动形状模型主要思想是：通过若干关键特征点构成形状向量来表示物体形状，需要事先标定训练样本集，训练得到具体的模型规则，识别时通过定位关键点并形成的向量序列和生成的模型进行匹配得到最相近的类别。

主动外观模型建立在主动形状模型之上，其主要思想是考虑物体形状和局部纹理特征，融合为表观模型。具体来讲，进行模型描述时，如人脸检测时不但考虑全局的信息（物体形状信息），还要考虑局部特征信息（物体纹理信息），通过对两类型的特征进行统计分析，建立人脸混合模型，即为最终对应的主动外观模型。

4.5.2.4　基于运动特征的提取方法

前面介绍的方法常用于静态图像，下面介绍几种用于动态图像的运行特征提取方法。静态图像是指某一时刻单幅静止图像所呈现的表情状态，表情变化幅度较大时判断类别较为容易。动态图像是指表情变化时连续的图像序列，呈现出表情的运动过程。动态图像包含了更多的表情信息，揭示出表情运动变化时序关系。

1）图像差分法

图像差分法是指利用图像序列像素差分来描述物体运动的一种方式，在图像相邻序列帧之间，如两帧或三帧，计算对应像素的时间差分，然后通过一定的阈值进行运动标注来描述。常用于进行运动目标检测，其主要的优点是：算法建立在相邻时间帧图像之间，对运动变化敏感，具有很高的实时性；算法基于差值计算，算法简单，运算量小。同时，缺点也很明显，主要是：对环境噪声较为敏感，容易受到干扰；阈值选择较为关键，人工确定阈值难以取得最佳效果。

2）光流法

光流法是一种基于亮度模式的运动特征表示方法，具体来讲，计算图像序列亮度变化的运动速度（方向、大小），由运动速度重新定义图像运动表现。光流法通常分为有全局光流场法和特征点光流场法。光流法的首要任务是计算光流场，即在限定的约束条件下，对图像序列间的时间梯度关系进行估算，通过运动场的变化分析来对运动的目标和场景实施检测与分割。为改进全局光流法计算亮度，算法过于复杂的问题研究者提出了特征点光流法。特征点光流法改光流场计算为通过特征匹配求特征点的流速，从而有效地减少计算量。

光流法主要优点是不仅描述了物体的运动信息，同时描述了物体的结构信息；缺点是运算量大，耗时多，且实时性差。

4.5.2.5 基于深度特征的提取方法

随着深度神经网络的发展，深度特征的表征能力和强大的学习能力广泛应用于计算机视觉的各个领域。卷积神经网络与人类的视觉识别系统有着类似的结构，不同深度的卷积层响应图更是具有不同语义级别的图像特征。研究表明，对于训练好的深度卷积网络，浅层的特征图更接近纹理特征而深层的更具有语义特性，更接近具体的问题。深度特征拥有比人工定义的特征更好的适应不同的问题，也具有更优秀的表达能力，通常识别效果会比人为设计的特征高很多，是目前最具有潜力的特征。基于深度置信网络的表情识别网络结构如图 4-12 所示，基于卷积神经网络的表情识别网络结构如图 4-13 所示。

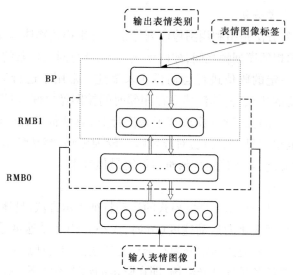

图 4-12　基于深度置信网络的表情识别网络结构

4.5.3　人脸表情的特征分类

4.5.3.1　支持向量机分类法

　　支持向量机是一种优秀的浅层模型,在解决小样本、高维度和非线性问题时表现出良好的性能。SVM 是由 Corinna Comes 和 Vapnik 等在1995 年提出的,大批研究者放弃深度神经网络研究,转移到 SVM 研究上来。SVM 建立在统计学习理论的 VC 维理论和结构风险最小原理基础上,根据在有限样本信息下寻求在模型复杂性、学习能力间获得最佳的判别平面。SVM 常被用于进行数据分析、数据回归、数据分类等。

4.5.3.2　贝叶斯方法

　　贝叶斯方法(Bayesian Analysis)是一种基于概率统计的分析方法,由假设先验概率、观测数据的后验概率建立的数据统计分析模型。具体来讲,首先,将模型未知参数的先验信息与先验样本信息综合,依据贝叶斯公式得出后验信息;然后,根据后验信息去推断未知参数,通过观测样本进行模型更新。在许多应用场景下,朴素贝叶斯分类算法与其他分类方法,如决策树、神经网络等性能相媲美, 被应用到大型数据

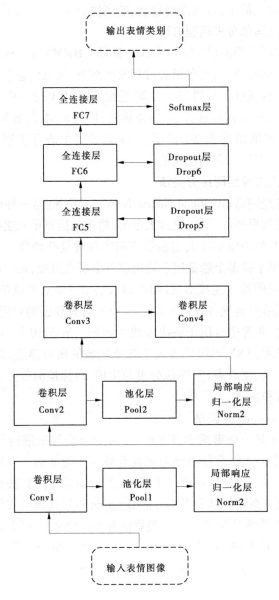

图 4-13　基于卷积神经网络的表情识别网络结构

分析中,且方法简单、分类准确率高、速度快。

4.5.3.3　隐马尔可夫模型方法

隐马尔可夫模型(Hidden Markov Model,HMM)是一种基于统计思想的状态空间模型,由马尔可夫过程发展而来,状态信息参数可从观测数据序列过程统计分析得到。自 20 世纪 80 年代以来,HMM 被应用于自然语言处理、生物信息科学、故障诊断、模式识别、语音识别、运动检测等领域,并取得重大成功。在深度学习用于语音识别前,GMM – HMM 模型一直是识别率最高的。

4.5.3.4　人工神经网络分类法

人工神经网络(Artificial Neural Network,ANN)是一种模拟人类大脑神经元连接模型的系统,通过大量的、简单的运算单元层叠加实现函数的拟合,并利用模型巨大的参数空间实现对复杂函数的表示。ANN由输入层、单个或多个隐藏层和输出层三个层次组成,每一层都有大量的节点,节点间通过连接形成网状,输入层节点负责数据的输入,隐藏层和输出层节点实现各种运算算子。ANN 具有较强的自组织、自学习和容错能力,非常适合用于解决非线性问题。最近 10 年,由于深度学习方法的发展,ANN 再次成为人工智能领域的研究热点,深度神经网络在语音识别、语言翻译、图像分类与生成、目标检测等方面都取得了巨大的突破和成就。

4.5.3.5　Boosting 分类法

Boosting 是一种集成学习方法,针对弱分类算法进行预测评估函数,通过一定方式组合预测函数来提升整体分类能力。算法实现主要是通过对样本集的操作获得样本子集,然后用弱分类算法在样本子集上训练生成一系列的基分类器。因 Boosting 算法在解决实际问题时存在重大缺陷,即需事先知道弱分类算法分类正确率的下限,研究者进行改进并提出了 AdaBoost 算法。AdaBoost 不要求单个分类器有高的识别率,只要产生的基分类器的识别率大于 0.5,就可作为该多分类器序列中的一员。

参考文献

[1] Harmon L D, Khan M K, Lasch R, et al. Machine identification of human faces [J]. Pattern Recognition, 1981, 13(2): 97-110.

[2] Chellappa R, Wilson C L, Sirohey S. Human and machine recognition of faces: A survey[J]. Proceedings of the IEEE, 1995, 83(5): 705-741.

[3] Pentland A, Moghaddam B, Starner T. View-based and modular eigenspaces for face recognition[C]//Computer Vision and Pattern Recognition, 1994. Proceedings CVPR'94., 1994 IEEE Computer Society Conference on. IEEE, 1994: 84-91.

[4] Belhumeur P N, Hespanha J P, Kriegman D J. Eigenfaces vs. fisherfaces: Recognition using class specific linear projection[J]. Pattern Analysis and Machine Intelligence, IEEE Transactions on, 1997, 19(7): 711-720.

[5] Bartlett M S, Movellan J R, Sejnowski T J. Face recognition by independent component analysis[J]. Neural Networks, IEEE Transactions on, 2002, 13(6): 1450-1464.

[6] Ahonen T, Hadid A, Pietikäinen M. Face recognition with local binary patterns [M]//Computer vision-eccv 2004. Springer Berlin Heidelberg, 2004: 469-481.

[7] Ahonen T, Hadid A, Pietikainen M. Face description with local binary patterns: Application to face recognition[J]. Pattern Analysis and Machine Intelligence, IEEE Transactions on, 2006, 28(12): 2037-2041.

[8] Viola P, Jones M J. Robust real-time face detection[J]. International journal of computer vision, 2004, 57(2): 137-154.

[9] Xiong X, Torre F. Supervised descent method and its applications to face alignment[C]//Proceedings of the IEEE conference on computer vision and pattern recognition, 2013: 532-539.

[10] Ren S, Cao X, Wei Y, et al. Face alignment at 3 000 fps via regressing local binary features[C]//Proceedings of the IEEE Conference on Computer Vision and Pattern Recognition, 2014: 1685-1692.

[11] Fanelli G, Dantone M, Van Gool L. Real time 3D face alignment with random forests-based active appearance models[C]//Automatic Face and Gesture Recognition (FG), 2013 10th IEEE international conference and workshops on. IEEE,

2013: 1-8.

[12] Matthews I, Baker S. Active appearance models revisited[J]. International Journal of Computer Vision, 2004, 60(2): 135-164.

[13] Donoho D L, Grimes C. Hessian eigenmaps: Locally linear embedding techniques for high-dimensional data[J]. Proceedings of the National Academy of Sciences, 2003, 100(10): 5591-5596.

[14] Wright J, Yang A Y, Ganesh A, et al. Robust face recognition via sparse representation[J]. Pattern Analysis and Machine Intelligence, IEEE Transactions on, 2009, 31(2): 210-227.

[15] Guo G, Li S Z, Chan K. Face recognition by support vector machines[C]//Automatic Face and Gesture Recognition, 2000. Proceedings. Fourth IEEE International Conference on. IEEE, 2000: 196-201.

[16] Moghaddam B, Jebara T, Pentland A. Bayesian face recognition[J]. Pattern Recognition, 2000, 33(11): 1771-1782.

[17] Yang J, Zhang D, Frangi A F, et al. Two-dimensional PCA: a new approach to appearance-based face representation and recognition[J]. Pattern Analysis and Machine Intelligence, IEEE Transactions on, 2004, 26(1): 131-137.

[18] He X, Cai D, Niyogi P. Tensor subspace analysis[C]//Advances in neural information processing systems,2005: 499-506.

[19] Dai D Q, Yuen P C. Regularized discriminant analysis and its application to face recognition[J]. Pattern Recognition, 2003, 36(3): 845-847.

[20] Wang X, Tang X. Dual-space linear discriminant analysis for face recognition [C]//Computer Vision and Pattern Recognition, 2004. CVPR 2004. Proceedings of the 2004 IEEE Computer Society Conference on. IEEE, 2004, 2: II-564-II-569 Vol. 2.

[21] Ye J, Janardan R, Li Q. Two-dimensional linear discriminant analysis[C]//Advances in neural information processing systems,2004: 1569-1576.

[22] Schölkopf B, Smola A, Müller K R. Kernel principal component analysis[M]// Artificial Neural Networks—ICANN'97. Springer Berlin Heidelberg, 1997: 583-588.

[23] Schölkopf B, Mullert K R. Fisher discriminant analysis with kernels[J]. Neural networks for signal processing IX, 1999, 1(1): 1.

[24] ul Hussain S, Triggs B. Visual recognition using local quantized patterns[M]//

Computer Vision-ECCV 2012. Springer Berlin Heidelberg, 2012: 716-729.

[25] Yi D, Lei Z, Li S. Towards pose robust face recognition[C]//Proceedings of the IEEE Conference on Computer Vision and Pattern Recognition,2013: 3539-3545.

[26] Zhang L, Yang M, Feng X. Sparse representation or collaborative representation: Which helps face recognition? [C]//Computer Vision (ICCV), 2011 IEEE International Conference on IEEE, 2011: 471-478.

[27] Sun Y, Wang X, Tang X. Deep Learning Face Representation from Predicting 10 000 Classes[C]// 2014 IEEE Conference on Computer Vision and Pattern Recognition (CVPR). IEEE Computer Society, 2014:1891-1898.

[28] V Blanz ,T Vetter. Face recognition based on fitting a 3d morphable model[J]. IEEE Transactions on Pattern Analysisand Machine Intelligence (TPAMI)2003, 25(9):1063-1074.

[29] U Prabhu,J Heo,M Savvides. Unconstrainedpose invariant face recognition using 3d generic elastic models[J]. IEEE Transactions on Pattern Analysis and Machine Intelligence(TPAMI),2011,33(10):1952-1961.

[30] A Asthana, T K Marks, M J Jones,et al. Fully automatic pose-invariant face recognition via 3d pose normalization[C]// IEEE International Conference on Computer Vision (ICCV), 2011:937-944.

[31] S Li, X Liu, X Chai. Morphable displacement field based image matching for face recognition across pose [C]// European Conference on Computer Vision (ECCV),2012:102-115.

[32] Y Taigman, M Yang, M Ranzato. DeepFace: Closing the gap to human-level performance in face verification[C]// IEEE Conference on Computer Vision and Pattern Recognition. IEEE, 2014:1701-1708.

[33] Masi I, Rawls S, Medioni G. Pose-Aware Face Recognition in the Wild[C]// IEEE Conference on Computer Vision and Pattern Recognition. IEEE, 2016: 4838-4846.

[34] Zhu Z, Luo P, Wang X, et al. Deep Learning Identity-Preserving Face Space [C]// IEEE International Conference on Computer Vision. IEEE, 2013:113-120.

[35] Zhu Z, Luo P, Wang X, et al. Multi-view perceptron: a deep model for learning face identity and view representations[C]// International Conference on Neural Information Processing Systems. MIT Press, 2014:217-225.

[36] Kan M, Shan S, Chang H, et al. Stacked Progressive Auto-Encoders (SPAE) for Face Recognition Across Poses[C]// IEEE Conference on Computer Vision and Pattern Recognition. IEEE Computer Society, 2014:1883-1890.

[37] Yim J, Jung H, Yoo B I, et al. Rotating your face using multi-task deep neural network[C]//Computer Vision and Pattern Recognition. IEEE, 2015:676-684.

[38] T Ahonen, A Hadid, M Pietikainen. Face description with local binary patterns: Application to face recognition[J]. Pattern Analysis and Machine Intelligence, IEEE Transactions on,2006, 28(12):2037-2041.

[39] C Liu,H Wechsler. Gabor feature based classification using the enhanced fisher linear discriminant model for face recogniti on [J]. Image processing, IEEE Transactions on, 2002,11(4):467-476.

[40] Schroff F, Kalenichenko D, Philbin J. FaceNet: A unified embedding for face recognition and clustering [C]// Computer Vision and Pattern Recognition. IEEE, 2015:815-823.

[41] Omkar M Parkhi, Andrea Vedaldi, Andrew Zisserman. Deep Face Recognition [C]// British Machine Vision Conference. 2015:171. 1-171. 12.

[42] Horn B K P. Shape from shading: a method for obtaining the shape of a smooth opaque object from one view. PhD thesis, Department of Electrical Engineering, MIT, Cambridge,1970.

[43] Omkar M. Parkhi, Andrea Vedaldi, Andrew Zisserman. Deep Face Kemelmacher-Shlizerman I, Basri R. 3D Face Reconstruction from a Single Image Using a Single Reference Face Shape[M]. IEEE Computer Society, 2011.

[44] Omkar M. Parkhi, Andrea Vedaldi, Andrew Zisserman. Deep Face Blanz V, Vetter T. A morphable model for the synthesis of 3D faces[C]// Conference on Computer Graphics and Interactive Techniques. ACM Press/ Addison-Wesley Publishing Co. 1999:187-194.

[45] Zhu X, Lei Z, Liu X. Face Alignment Across Large Poses: A 3D Solution[J]. Computer Science, 2015:146-155.

[46] Chu B, S Romdhani, L Chen. 3d-aided face recognition robust to expression and posevariations[C]//The IEEE Conference on Computer Vision and Pattern Recognition, 2014: 1899-1906.

[47] S Romdhani, T Vetter. Estimating 3D shape and texture using pixel intensity, edges, specular highlights,texture constraints and a prior[C]// Computer Vision

and Pattern Recognition (CVPR), IEEE Conference on, 2005(2):986-993.

[48] Zhu X, Lei Z, Yan J. High-fidelity Pose and Expression Normalization for face recognition in the wild[J]. Computer Vision & Pattern Recognition ,2015:787-796.

[49] Darwin C. The expression of the emotions in man and animals[M]. Oxford University Press, 1998.

[50] Ekman P, Friesen W V. Constants across cultures in the face and emotion[J]. Journal of Personality & Social Psychology,1971,17(2):124-129.

[51] Ekman P, Friesen W V, Hager J C. Facial action coding system (FACS)[J]. A technique for the measurement of facial action Consulting, Palo Alto, 1978.

[52] De I T F, Campoy J, Ambadar Z, et al. Temporal Segmentation of Facial Behavior[C]// IEEE, International Conference on Computer Vision. IEEE, 2007: 1-8.

[53] Ekman P, Friesen W V. Constants across cultures in the face and emotion [EB/OL]. Kamachi M, Lyons M, Gyoba J. The Japanese female facial expression (jaffe) database. http://www. kasrl. org/jaffe. html.

[54] Lyons M J, Budynek J, Akamatsu S. Automatic classification of single facial images[J]. Pattern Analysis & Machine Intelligence IEEE Transactions on, 1999, 21(21):1357-1362.

[55] 郑文明. 基于核函数的判别分析研究[D]. 南京:东南大学,2004.

[56] Krizhevsky A, Sutskever I,Hinton G E. ImageNet classification with deep convolutional neural networks [C]// International Conference on Neural Information Processing Systems. Curran Associates Inc. 2012:1097-1105.

[57] Szegedy C, Liu W, Jia Y, et al. Going deeper with convolutions[C]// IEEE Conference on Computer Visionand Pattern Recognition. IEEE Computer Society, 2015:1-9.

[58] Kim Y,Lee H,Provost E M. Deep learning for robust feature generation in audiovisual emotion recognition [C]//IEEE International Conference on Acoustics, Speech and Signal Processing. IEEE, 2013:3687-3691.

[59] https://blogs. microsoft. com/next/2014/07/14/microsoft-research-shows-advances-artificial-intelligence-project-adam.

[60] Liu Y, Hou X, Chen J, et al. Facial expression recognition and generation using sparse autoencoder[C]//International Conference on Smart Computing. IEEE,

2014:125-130.

[61] Liu P, Han S, Meng Z. Facial Expression Recognition via a Boosted Deep Belief Network[C]// IEEE Conference on Computer Vision and Pattern Recognition. IEEE Computer Society, 2014:1805-1812.

[62] Devries T, Biswaranjan K, Taylor G W. Multi-task Learning of Facial Landmarks and Expression [C]//Canadian Conference on Computer and Robot Vision. 2014:98-103.

[63] 卢官明,左加阔.基于不相关局部敏感鉴别分析的新生儿疼痛表情识别[J]. 南京邮电大学学报(自然科学版), 2013, 33(6):1-7.

[64] Lucey P, Cohn J F,Kanade T, et al. The Extended Cohn-Kanade Dataset (CK+): A complete dataset for action unit and emotion-specified expression[C]// Computer Vision and Pattern Recognition Workshops. IEEE, 2010:94-101.

[65] Ekman P, Friesen W, Hager J. Facial Action Coding System: Research Nexus. Network Research Information, Salt Lake City, UT,USA, 2002.

[66] Dhall A, Goecke R, Joshi J, et al. EmotiW 2016: video and group-level emotion recognition challenges[C]//ACM International Conference on Multimodal Interaction. ACM, 2016:427-432.

[67] 何嘉利.基于深度学习的表情识别[D].重庆:重庆邮电大学,2017.